今すぐ使えるかんたん

ぜったいデキます!
パワーポイント
超入門

Office 2021/
Microsoft 365
両対応

Imasugu Tsukaeru Kantan Series
PowerPoint Cho-Nyumon Office 2021 / Microsoft 365

技術評論社

この本の特徴

1 ぜったいデキます！

操作手順を省略しません！

解説を一切省略していないので、
途中でわからなくなることがありません！

あれもこれもと詰め込みません！

操作や知識を盛り込みすぎていないので、
スラスラ学習できます！

なんどもくり返し解説します！

一度やった操作もくり返し説明するので、
忘れてしまってもまた思い出せます！

2 文字が大きい

たとえばこんなに違います

大きな文字で 読みやすい	大きな文字で 読みやすい	大きな文字で 読みやすい
ふつうの本	**見やすいといわれている本**	**この本**

3 専門用語は絵で解説

大事な操作は言葉だけではなく絵でも理解できます

左クリックの
アイコン

ドラッグの
アイコン

入力の
アイコン

Enterキーの
アイコン

4 オールカラー

2色よりもやっぱりカラー

2色

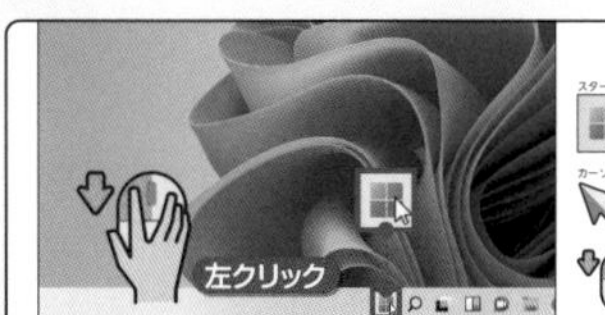

カラー

目次

パソコンの基本操作

1 パワーポイントの基本を知ろう

2 文字を入力しよう

3 文字を装飾しよう・配置を変更しよう

目次

CONTENTS

6 イラストや写真を利用しよう

7 図形を作成しよう

8 SmartArtを作成しよう

目次

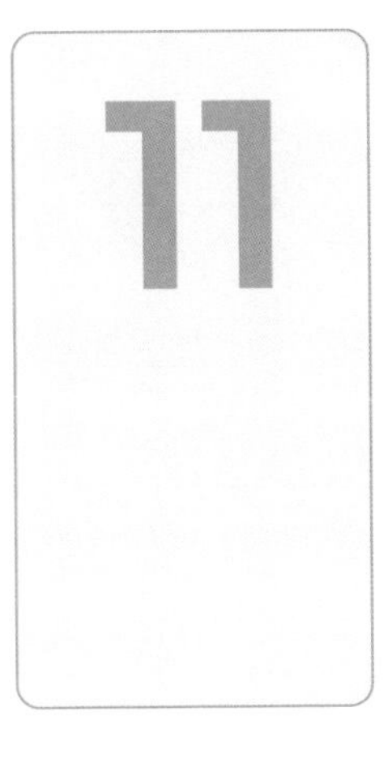

パワーポイントを便利に活用しよう

[免責]

本書に記載された内容は、情報の提供のみを目的としています。したがって、本書を用いた運用は、必ずお客様自身の責任と判断によって行ってください。これらの情報の運用の結果について、技術評論社および著者はいかなる責任も負いません。
本書記載の情報は、2023年2月現在のものを掲載していますので、ご利用時には、変更されている場合もあります。
ソフトウェアはバージョンアップされる場合があり、本書での説明とは機能内容や画面図などが異なってしまうこともあり得ます。ソフトウェアのバージョンが異なることを理由とする、本書の返本、交換および返金には応じられませんので、あらかじめご了承ください。
以上の注意事項をご承諾いただいた上で、本書をご利用願います。これらの注意事項に関わる理由に基づく、返金、返本を含む、あらゆる対処を、技術評論社および著者は行いません。あらかじめ、ご承知おきください。

[動作環境]

本書はPowerPoint 2021/Microsoft 365（OSがWindows 11）を対象としています。
お使いのパソコンの特有の環境によっては、PowerPoint 2021/Microsoft 365（OSがWindows 11）を利用していた場合でも、本書の操作が行えない可能性があります。本書の動作は、一般的なパソコンの動作環境において、正しく動作することを確認しております。
動作環境に関する上記の内容を理由とした返本、交換、返金には応じられませんので、あらかじめご注意ください。

01 » マウスの使い方を知ろう

パソコンを操作するには、マウスを使います。
マウスの正しい持ち方や、クリックやドラッグなどの使い方を知りましょう。

マウスの各部の名称

最初に、マウスの各部の名称を確認しておきましょう。**初心者にはマウスが便利**なので、パソコンについていなかったら購入しましょう。

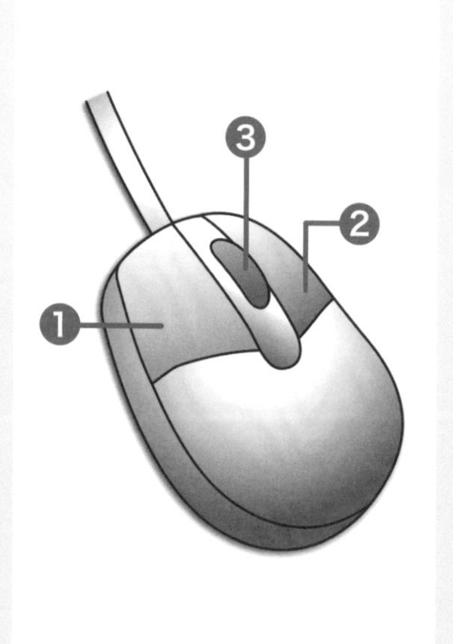

❶ 左ボタン

左ボタンを1回押すことを**左クリック**といいます。画面にあるものを選択したり、操作を決定したりするときなどに使います。

❷ 右ボタン

右ボタンを1回押すことを**右クリック**といいます。操作のメニューを表示するときに使います。

❸ ホイール

真ん中のボタンを回すと、画面が上下左右に**スクロール**します。

マウスの持ち方

マウスには、操作のしやすい持ち方があります。
ここでは、マウスの**正しい持ち方**を覚えましょう。

❶ 手首を机につけて、マウスの上に軽く手を乗せます。

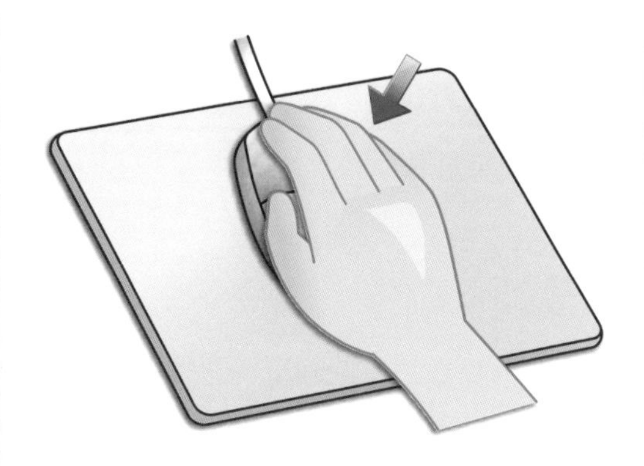

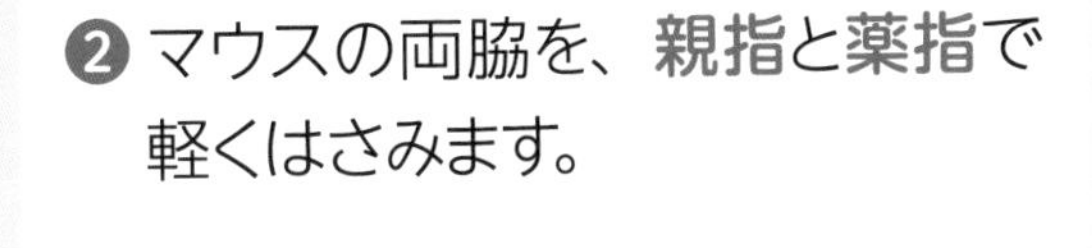

❷ マウスの両脇を、**親指**と**薬指**で軽くはさみます。

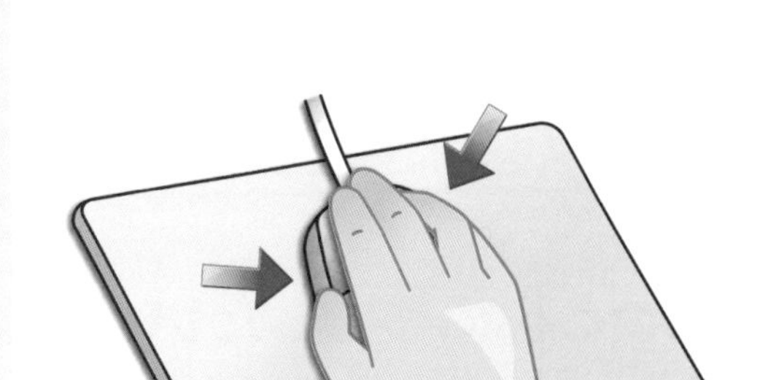

❸ **人差し指**を左ボタンの上に、**中指**を右ボタンの上に軽く乗せます。

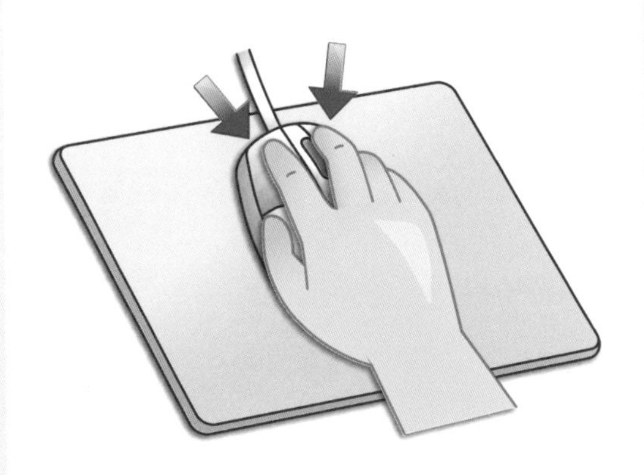

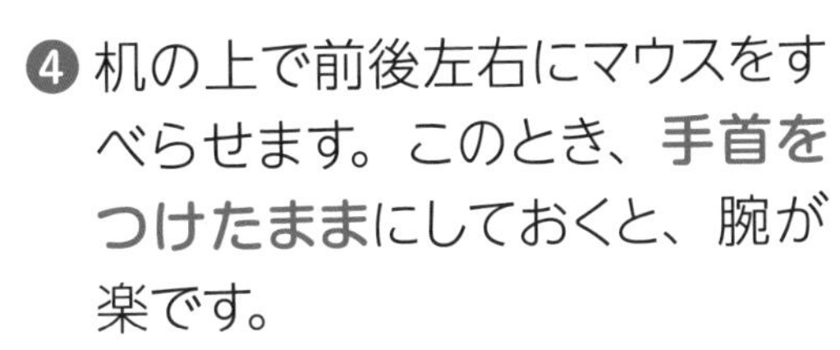

❹ 机の上で前後左右にマウスをすべらせます。このとき、**手首をつけたまま**にしておくと、腕が楽です。

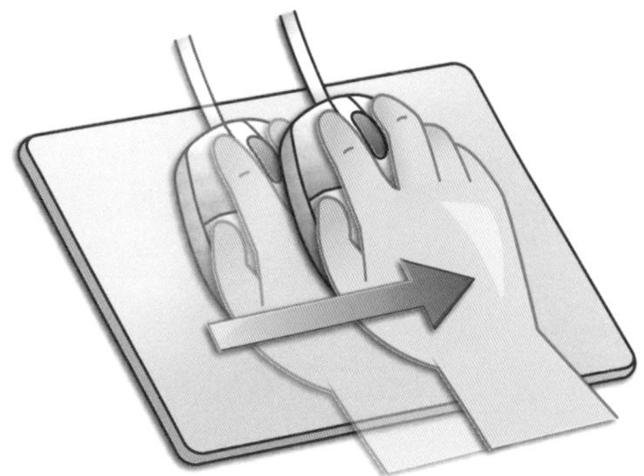

カーソルを移動しよう

マウスを動かすと、それに合わせて画面内の矢印が動きます。
この矢印のことを、**カーソル**といいます。

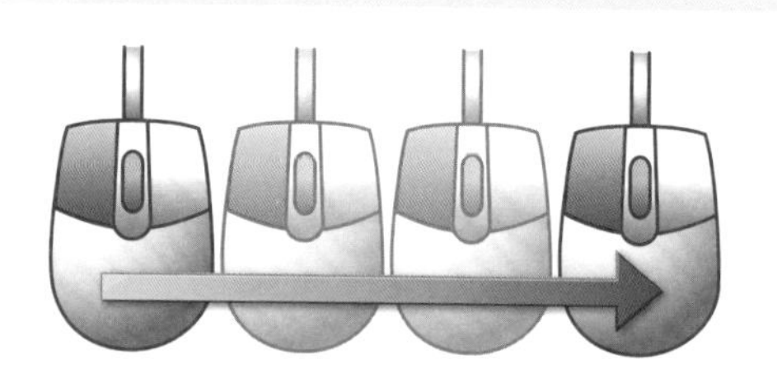

マウスを右に動かすと…

カーソルも右に移動します

● もっと右に移動したいときは？

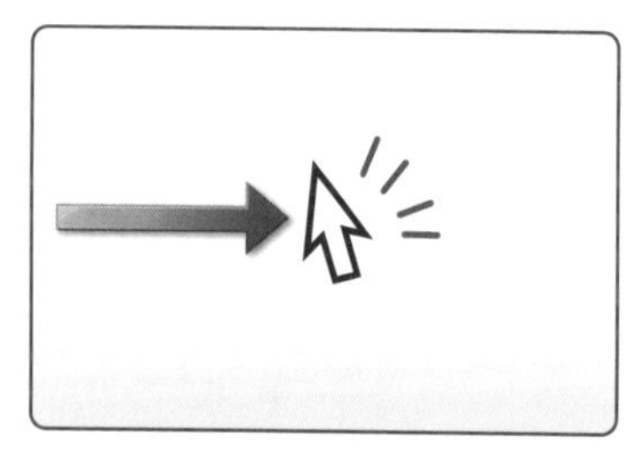

もっと右に動かしたいのに、
マウスが机の端に来てしまったときは…

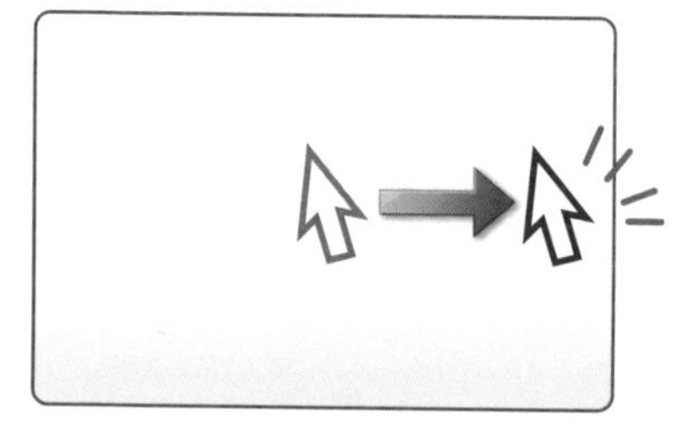

マウスを机から**浮かせて**、左側に持っていきます❶。そこからまた右に移動します❷。

マウスをクリックしよう

マウスの左ボタンを1回押すことを**左クリック**といいます。
右ボタンを1回押すことを**右クリック**といいます。

❶ クリックする前

11ページの方法でマウスを持ちます。

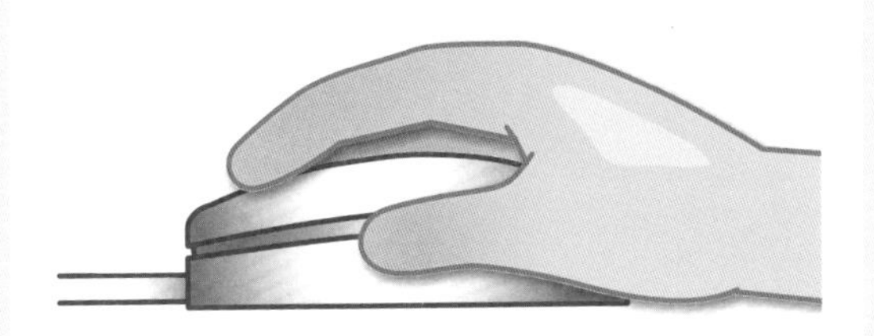

❷ クリックしたとき

人差し指で、左ボタンを軽く押します。カチッと音がします。

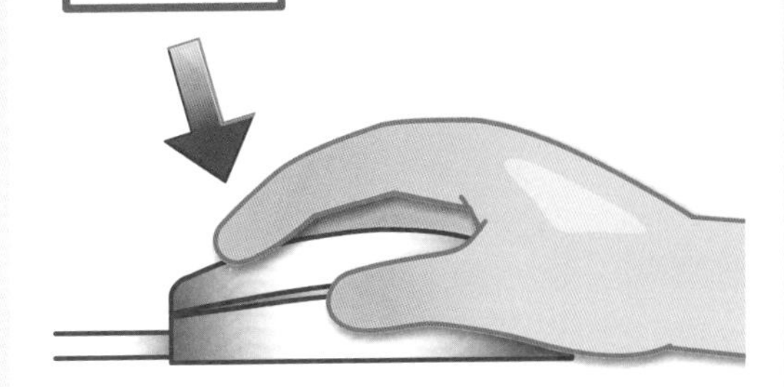

❸ クリックしたあと

すぐに指の力を抜きます。左ボタンが元の状態に戻ります。

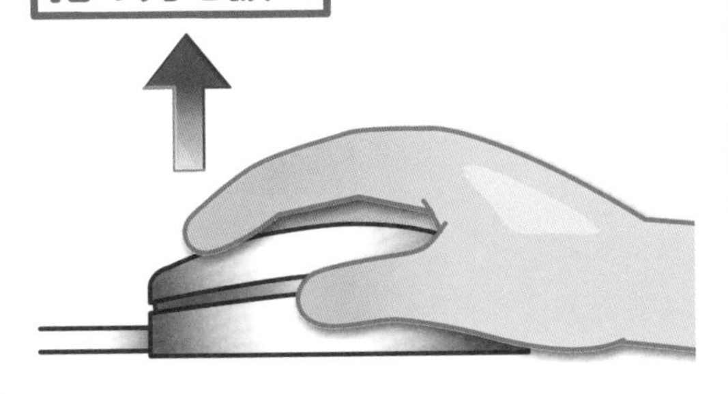

マウスを操作するときは、ボタンの上に軽く指を乗せておきます。ボタンをクリックするときも、ボタンから指を離さずに操作しましょう！

 マウスをダブルクリックしよう

左ボタンを2回続けて押すことを、**ダブルクリック**といいます。
カチカチとテンポよく押します。

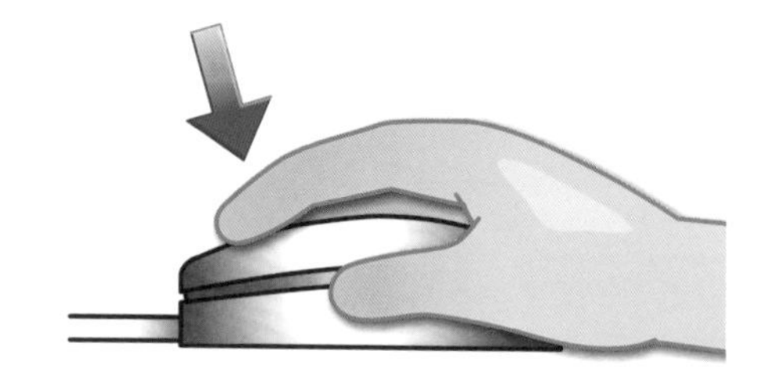

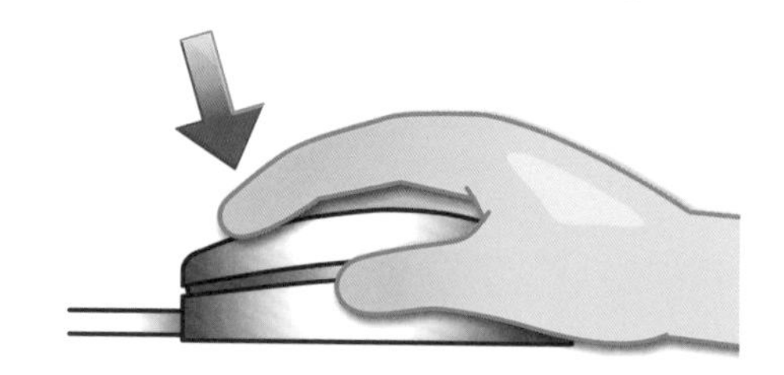

練習 デスクトップの**ごみ箱**のアイコンを使って、
ダブルクリックの練習をしましょう。

❶ 画面左上にあるごみ箱の上に
（カーソル）を移動します。

❷ 左ボタンをカチカチと2回押します（ダブルクリック）。

❸ ダブルクリックがうまくいくと
ごみ箱が開きます。

❹ ×（閉じる）に （カーソル）を移動して左クリックします。ごみ箱が閉じます。

マウスをドラッグしよう

マウスの左ボタンを押しながらマウスを動かすことを、
ドラッグといいます。

左ボタンを押したまま移動して…

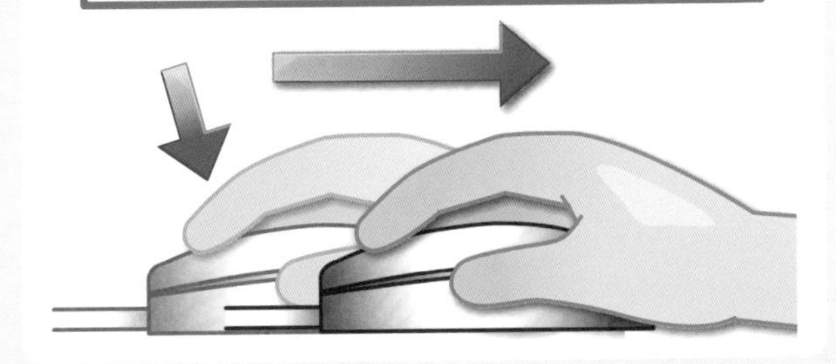

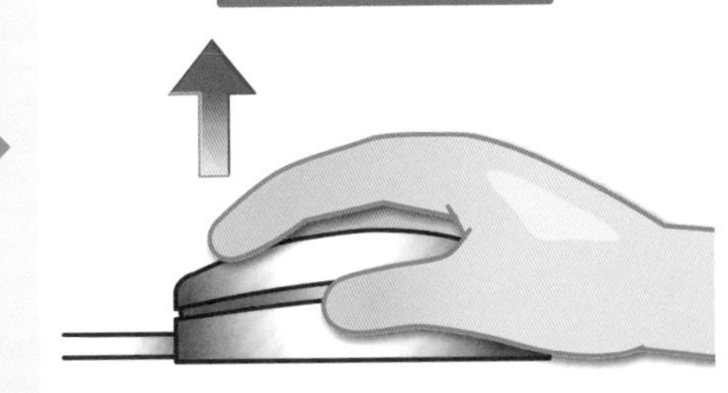

練習 デスクトップの**ごみ箱**のアイコンを使って、
ドラッグの練習をしましょう。

❶ ごみ箱の上に（カーソル）を移動します。左ボタンを押したまま、マウスを右下方向に移動します。指の力を抜きます。

❷ ドラッグがうまくいくと、ごみ箱の場所が移動します。
同様の方法で、ごみ箱を元の場所に戻しましょう。

02 » キーボードを知ろう

パソコンで文字を入力するには、キーボードを使います。
最初に、キーボードにどのようなキーがあるのかを確認しましょう。

キーの配列

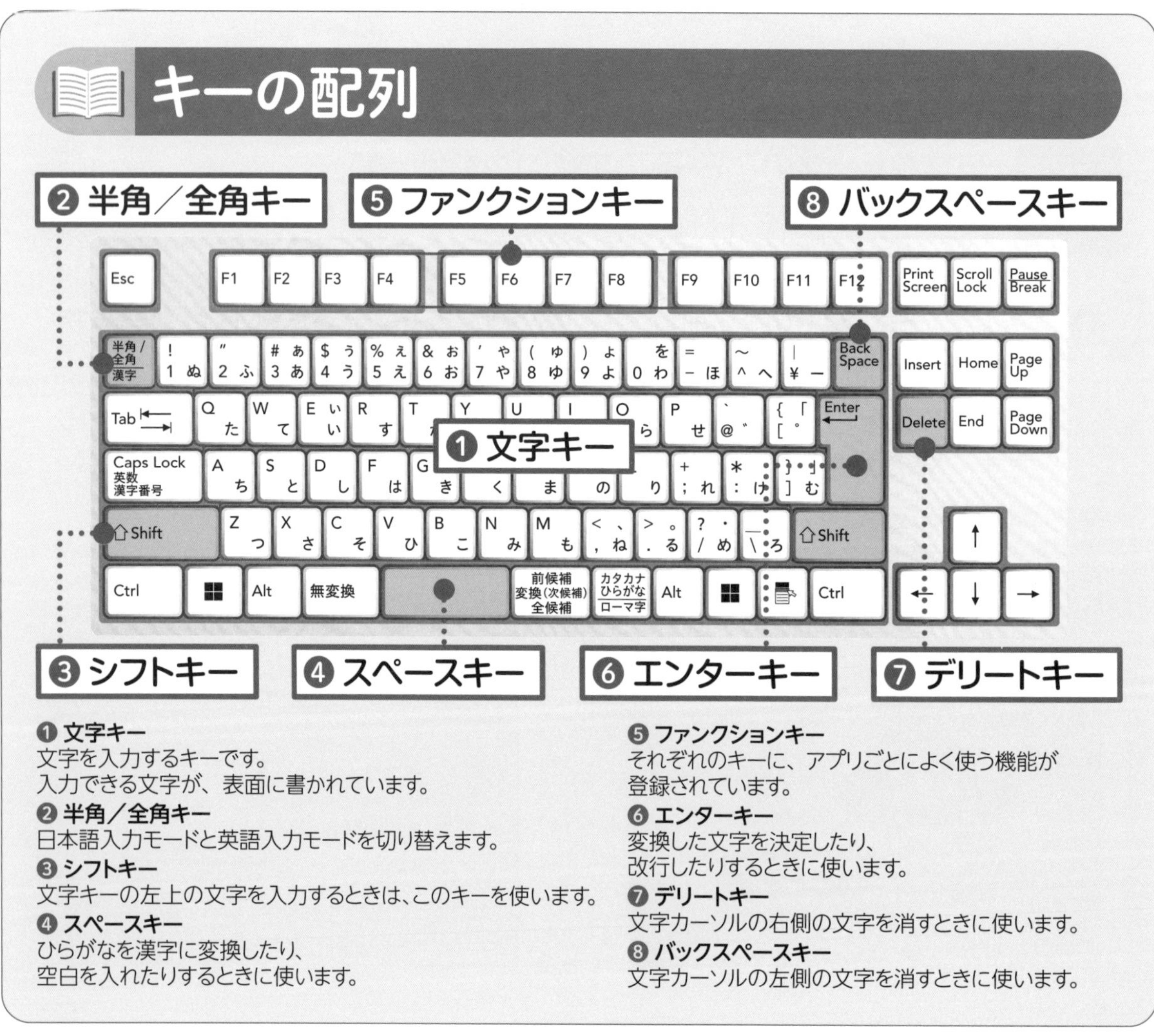

❶ 文字キー
文字を入力するキーです。
入力できる文字が、表面に書かれています。

❷ 半角／全角キー
日本語入力モードと英語入力モードを切り替えます。

❸ シフトキー
文字キーの左上の文字を入力するときは、このキーを使います。

❹ スペースキー
ひらがなを漢字に変換したり、
空白を入れたりするときに使います。

❺ ファンクションキー
それぞれのキーに、アプリごとによく使う機能が
登録されています。

❻ エンターキー
変換した文字を決定したり、
改行したりするときに使います。

❼ デリートキー
文字カーソルの右側の文字を消すときに使います。

❽ バックスペースキー
文字カーソルの左側の文字を消すときに使います。

第1章

1 パワーポイントの基本を知ろう

この章で学ぶこと

- パワーポイントが起動できますか?
- プレゼンテーションを作成できますか?
- スライドのしくみがわかりますか?
- プレゼンテーションを保存できますか?
- 保存したプレゼンテーションを開けますか?

01 » この章でやることを知っておこう

この章では、パワーポイントの画面を表示して新しいプレゼンテーションを作成します。また、パワーポイントを終了するなどの基本操作も紹介します。

パワーポイントの画面を表示する

スタートメニューからパワーポイントを起動して、プレゼンテーションを作成する準備をします。

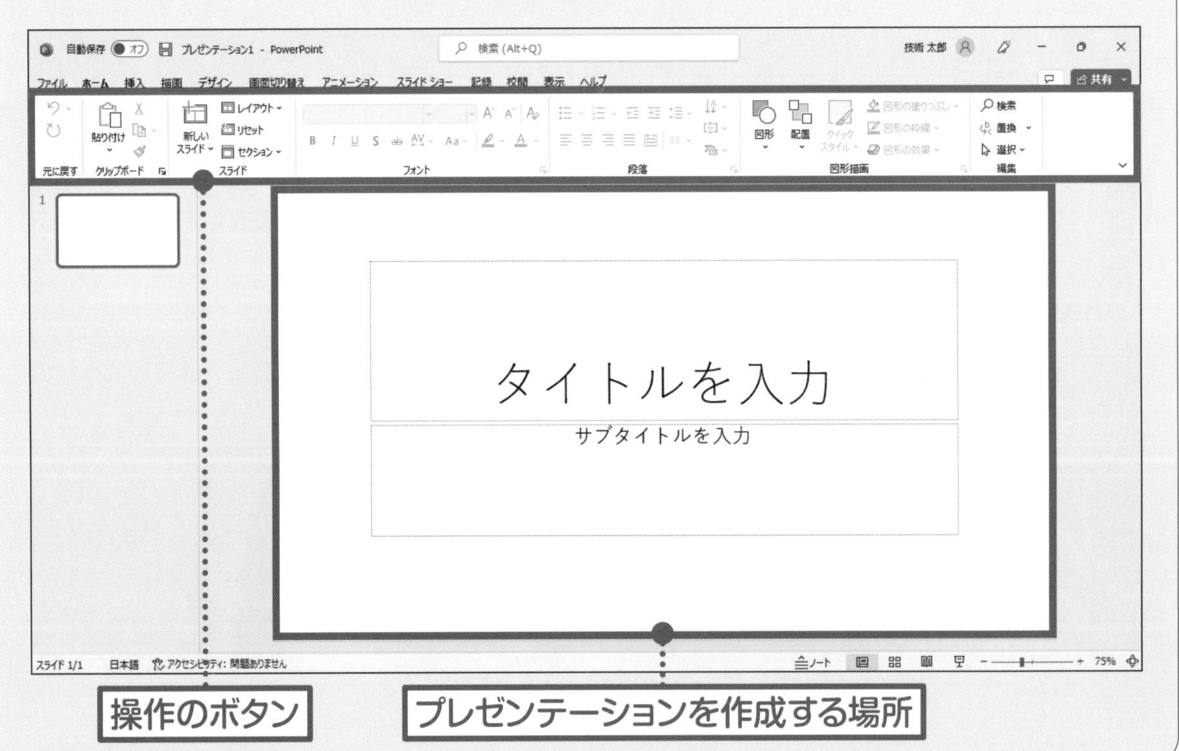

プレゼンテーションを保存する

作成したプレゼンテーションは、ファイルとして**保存**します。
保存したプレゼンテーションは、なんどでも開いて**修正**できます。

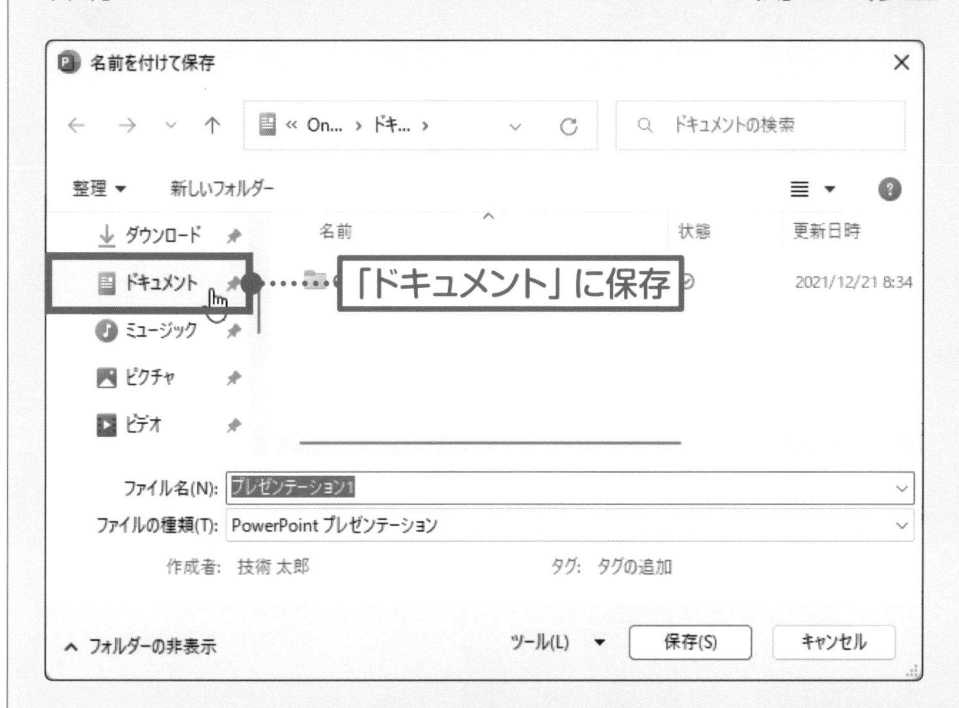

パワーポイントを終了する

閉じる ✕ を左クリックして、パワーポイントを終了します。

02 » パワーポイントを起動しよう

アプリを立ち上げて使う準備をすることを起動といいます。
Windows 11でパワーポイントを起動しましょう。

操作

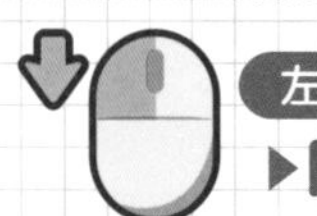

1 スタートメニューを表示します

画面下の

スタートボタン

を

左クリックします。

スタートメニューが
表示されます。

を

左クリックします。

2 パワーポイントを起動します

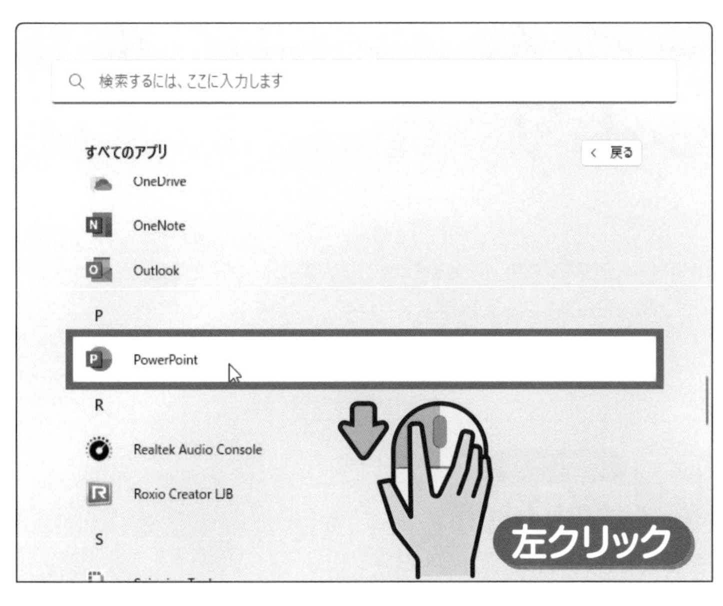

アプリの一覧から

に カーソル を移動して、

左クリックします。

ポイント

一覧に見当たらないときは、マウスのホイールを回転して画面をスクロールします。

3 パワーポイントが起動しました

パワーポイントが起動しました。

ポイント

「ライセンス契約に同意します」と表示されたら、「同意する」を左クリックします。

03 » プレゼンテーションを作成しよう

プレゼン資料を作成するには、新しいプレゼンテーションを選択します。
最初は、真っ白な表紙のスライドだけが表示されています。

1 新しいファイルを表示します

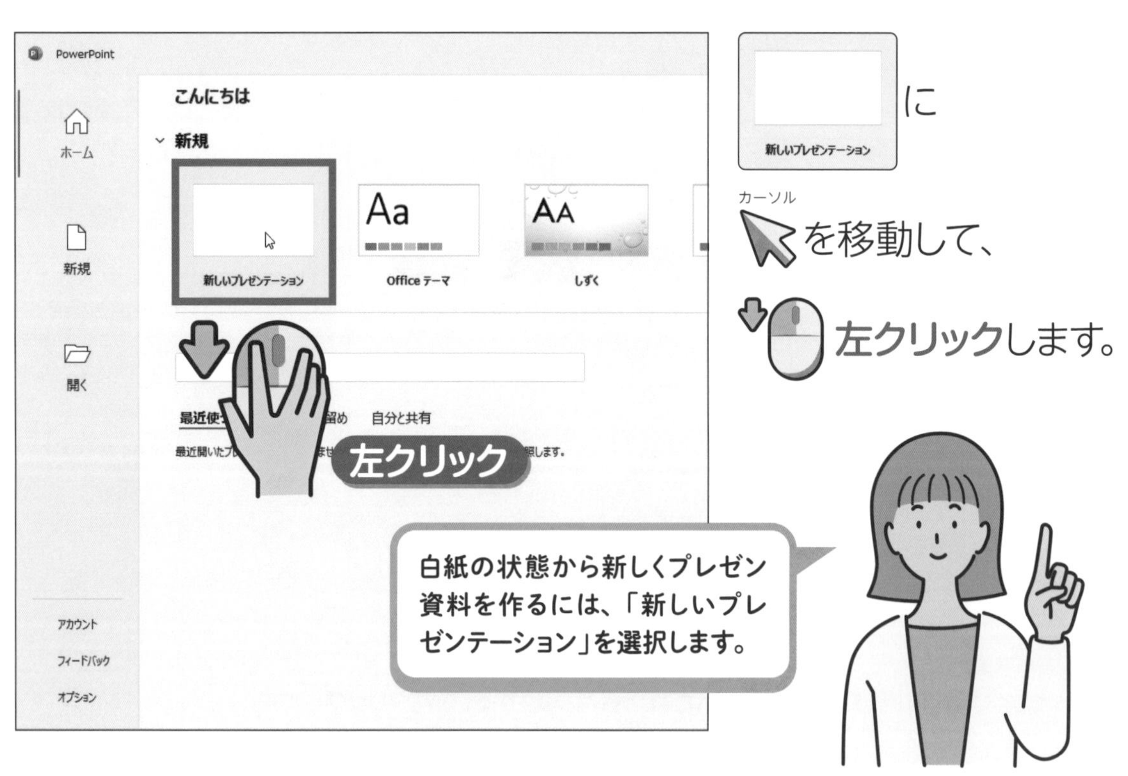

新しいプレゼンテーション に
カーソル を移動して、
左クリックします。

2 新しいファイルが表示されます

新しいファイルが表示されます。

画面右上の□に

カーソル を移動して、

左クリックします。

3 パワーポイントの画面が大きくなりました

パワーポイントが画面いっぱいに表示されました。
続けてプレゼンテーションの作成に進みましょう。

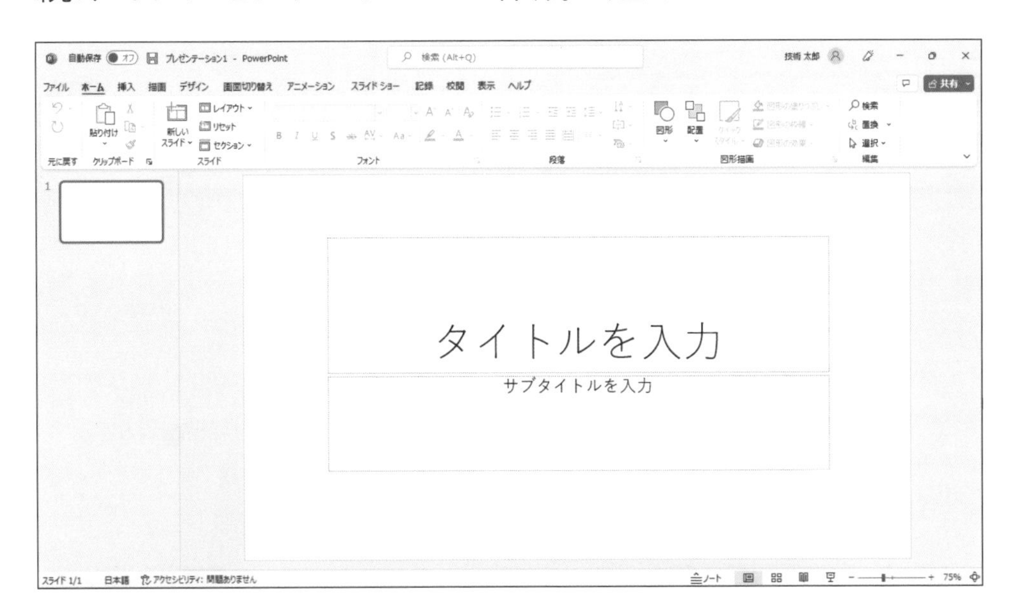

ポイント

新しいファイルには、未入力の表紙だけが用意されています。

04 » パワーポイントの画面を確認しよう

パワーポイントの画面で重要な部分の名前と役割を説明します。
これ以降の操作でも使うので、覚えておきましょう。

パワーポイントの画面

パワーポイントの画面は、次のようになっています。

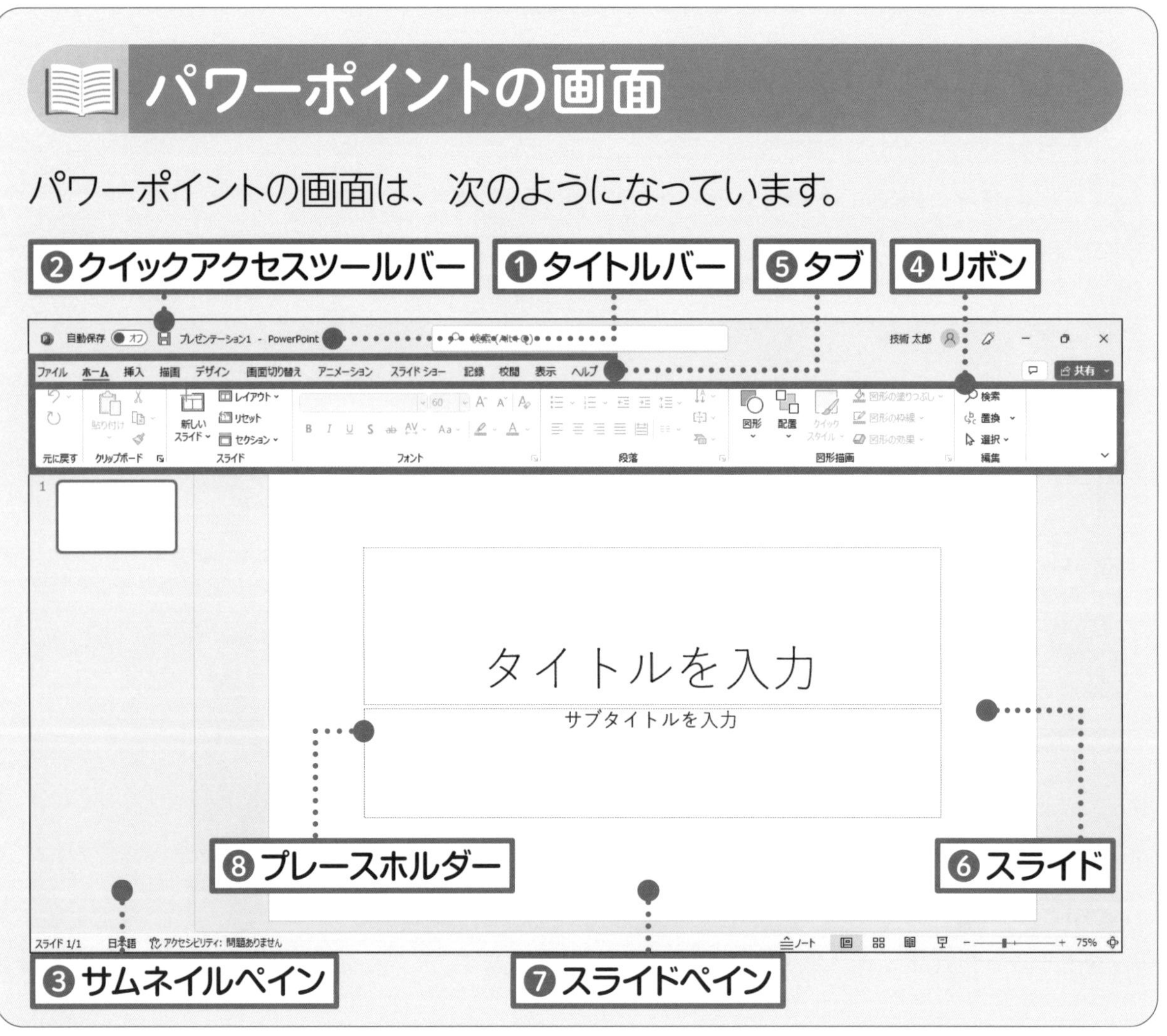

各部の名前と役割

❶タイトルバー
開いているファイルの名前（ここでは「プレゼンテーション1」）が表示されます。

❷クイックアクセスツールバー
よく使うボタンが表示されます。
最初は1つだけ表示されています。

❸サムネイルペイン
縮小版のスライド（サムネイル）が並ぶ領域です。
編集したいスライドを選択します。

❹リボン　❺タブ
よく使う機能が並んでいます。
タブを左クリックすると、
リボンの内容が切り替わります。

❻スライド
プレゼンテーションの内容を表示する紙です。

❼スライドペイン
サムネイルペインで選択したスライドが大きく表示されます。
ここでスライドの内容を編集します。

❽プレースホルダー
スライドにあらかじめ表示されている、文字などを入力する枠です。

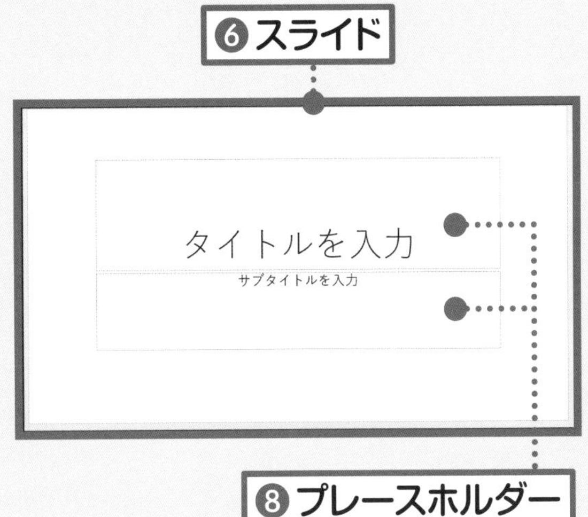

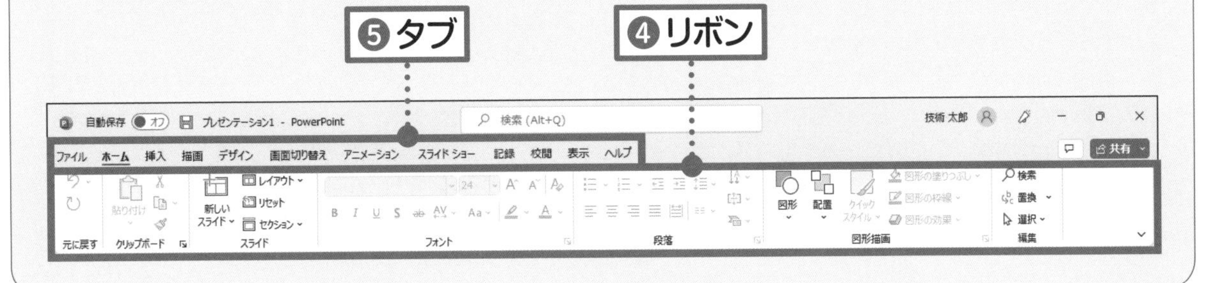

05 » スライドのしくみを理解しよう

プレゼンテーションを構成しているのは、スライドです。
ここでは、スライドの基本的なしくみを確認しましょう。

プレゼンテーションとスライド

プレゼンテーションでは、内容を書いた紙を、1枚ずつめくりながら話を進めます。この紙を**スライド**といいます。
スライドは、表示する順にまとめて1つのファイルに保存します。パワーポイントでは、ファイルのことを**プレゼンテーション**と呼びます。

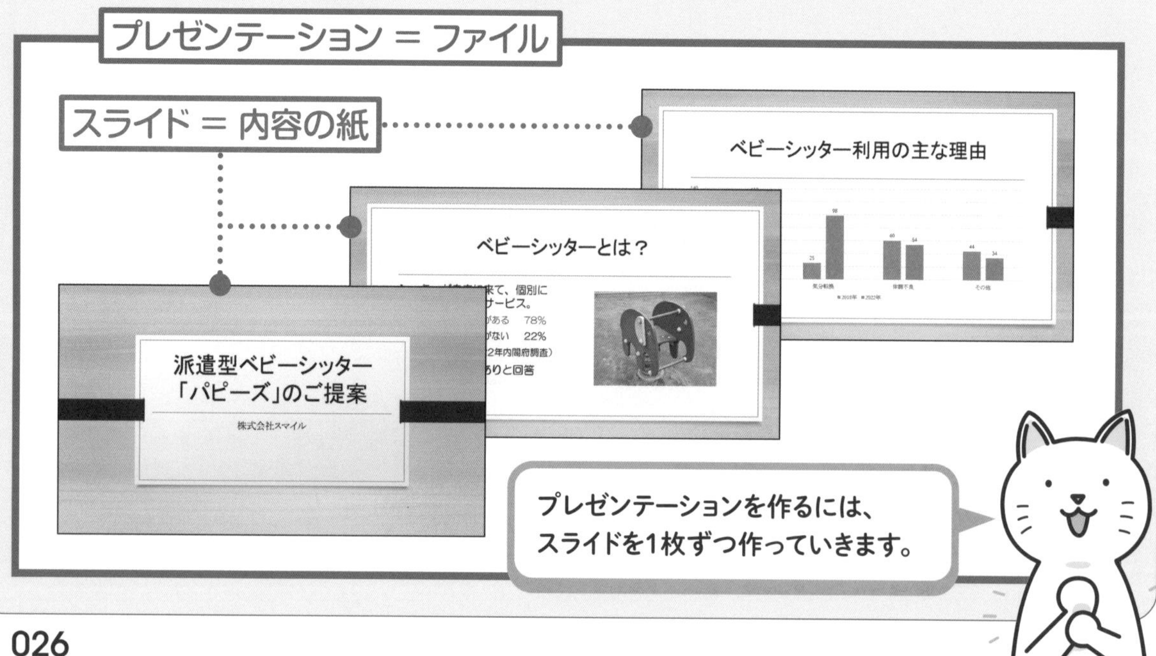

スライドのしくみ1　レイアウト

タイトルや本文の配置をスライドごとに決めるのは大変なので、パワーポイントには、よく使うスライドの**レイアウト**があらかじめ用意されています。
スライドを作るときには、**まずレイアウトを選び、そこに内容を追加**すればスライドが完成します。

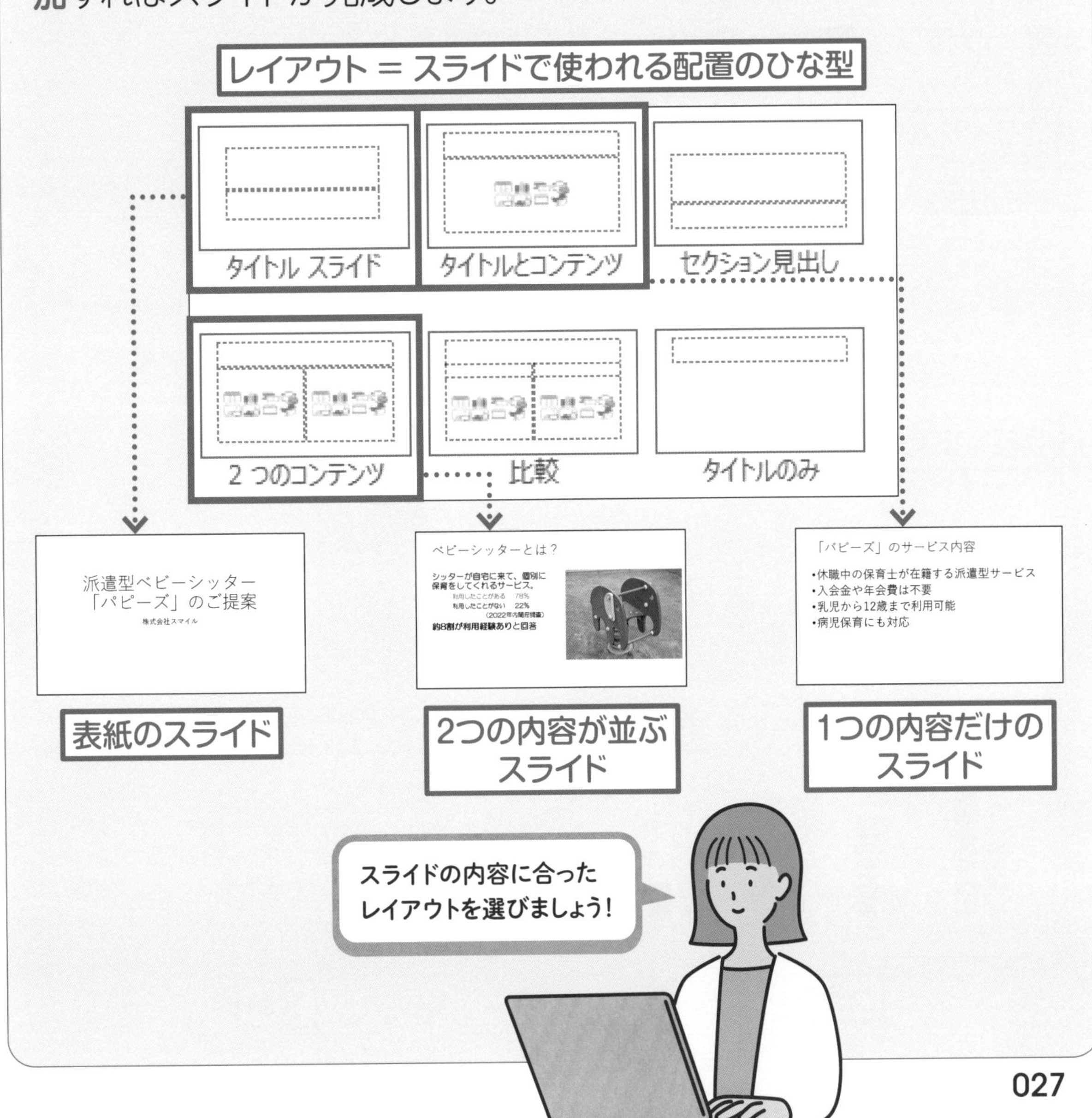

スライドのしくみ２　プレースホルダー

スライドには、**プレースホルダー**という文字を入れるための**枠**が用意されています。

プレースホルダーには、**あらかじめ書式が設定されている**ので、入力した文字が見栄えよく表示されます。

アイコンがついたプレースホルダーには、**文章**を入力するほかに、**表**、**グラフ**、**写真**などを入れることもできます。

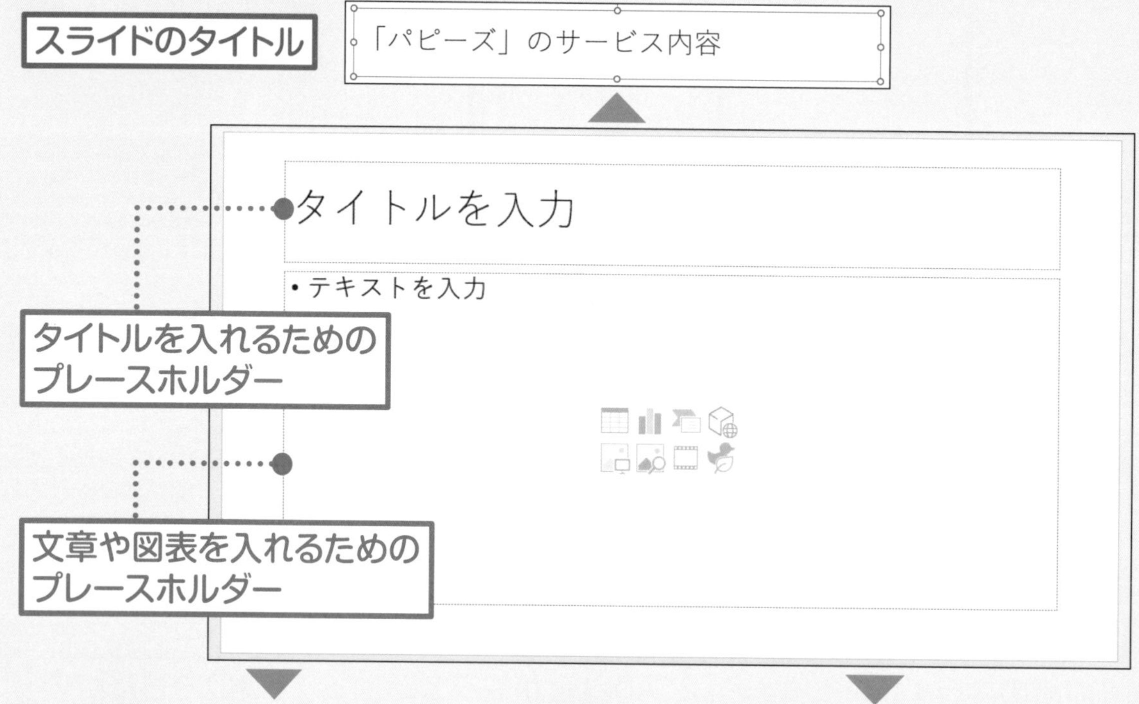

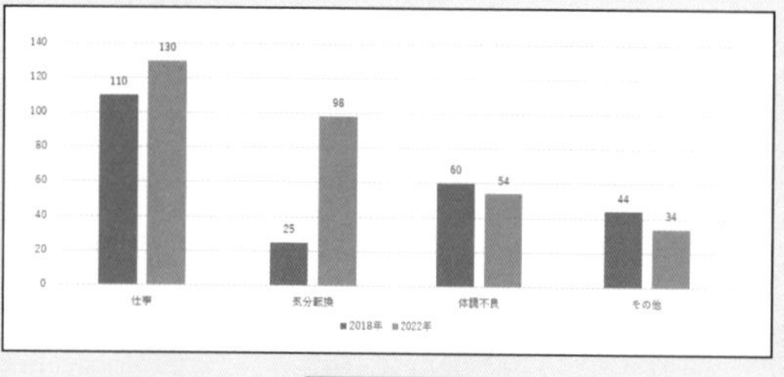

グラフ

- 休職中の保育士が在籍する派遣型サービス
- 入会金や年会費は不要
- 乳児から12歳まで利用可能
- 病児保育にも対応

文章

テーマ

テーマとは、スライド背景の色や模様、文字の種類などが決められた**デザインのひな型**です。
最初に用意されたスライドでは、白い背景に黒い文字が表示され、模様などの飾りもありません。
見栄えをよくしたい場合、**テーマを変更**します。
テーマを選ぶと、**プレゼンテーション内のすべてのスライドにそのテーマのデザインが適用**されます。

最初の状態のプレゼンテーション

派遣型ベビーシッター
「パピーズ」のご提案
株式会社スマイル

「パピーズ」のサービス内容
• 休職中の保育士が多数在籍する派遣型サービス
• 入会金や年会費は不要
• 乳児から12歳まで利用可能
• 病児保育にも対応

テーマ「オーガニック」を設定したプレゼンテーション

「パピーズ」のサービス内容

テーマを変えると、
スライドがかっこよくなります！

06 » プレゼンテーションのデザインを選ぼう

見栄えがよいプレゼンテーションにするには、適切なテーマを選択しましょう。ここでは、テーマを選び、設定する方法を覚えましょう。

1 テーマを選択する準備をします

22ページの方法で、新しいファイルを開いておきます。

 を

 左クリックします。

「テーマ」の

その他

 を

 左クリックします。

2 テーマを選択します

すべてのテーマが表示されます。

に

カーソル

を移動して、

左クリックします。

3 テーマが設定されます

選んだテーマがプレゼンテーションに適用されました。

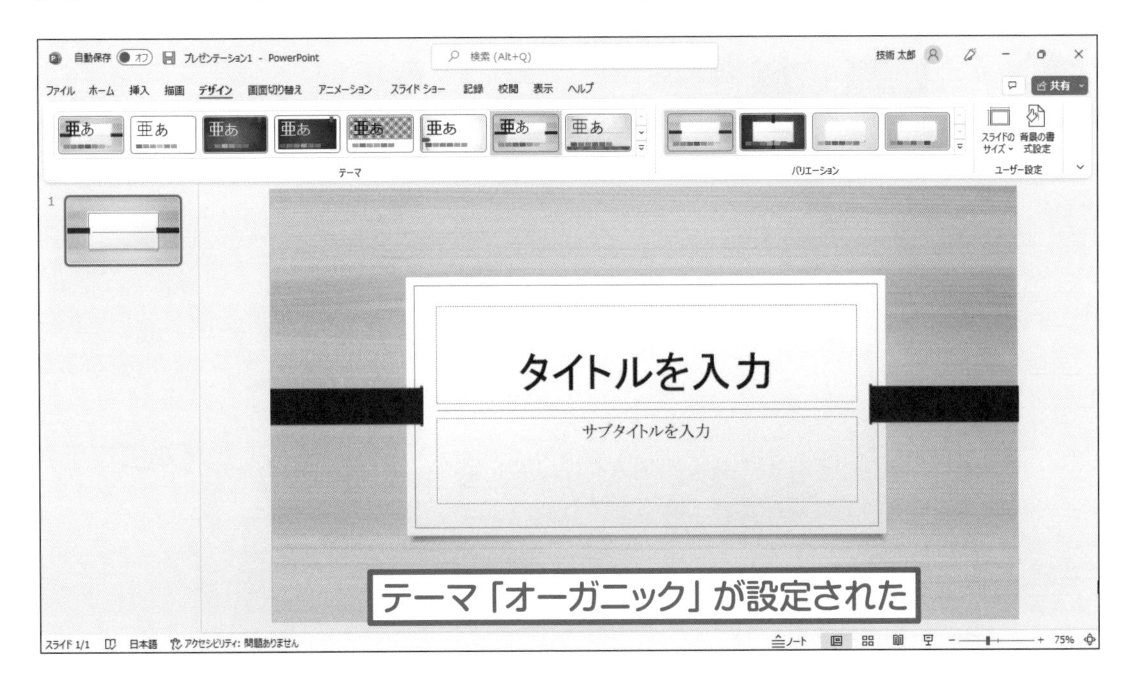

07 » プレゼンテーションを保存しよう

プレゼンテーションを作成したら、ファイルを保存しましょう。
パワーポイントでは、ファイルのことをプレゼンテーションと呼びます。

1 ファイルを保存する準備をします

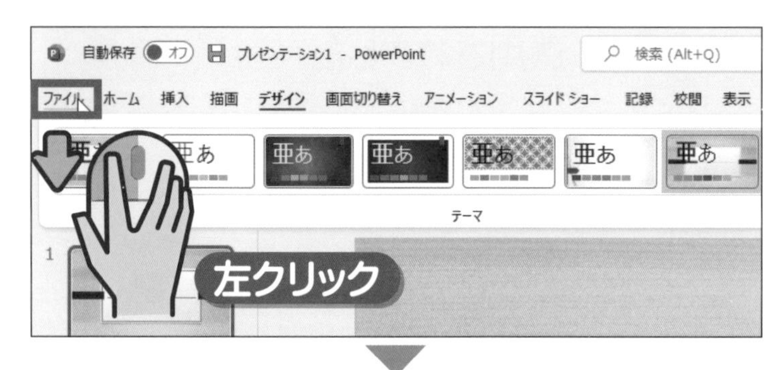

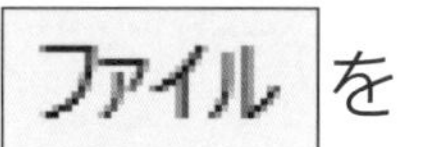

を

左クリックします。

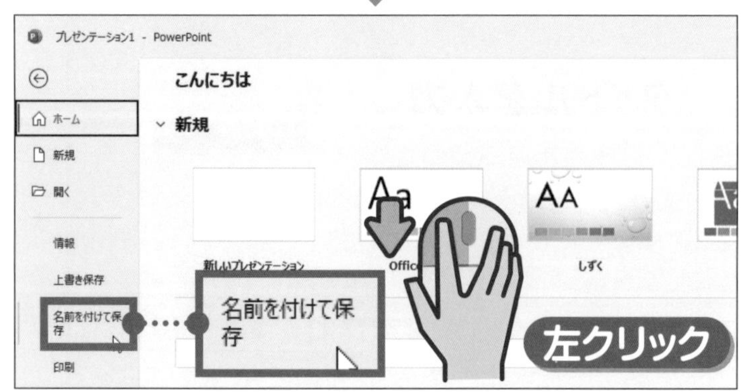

を

左クリックします。

2 ファイルの保存先を選びます　その1

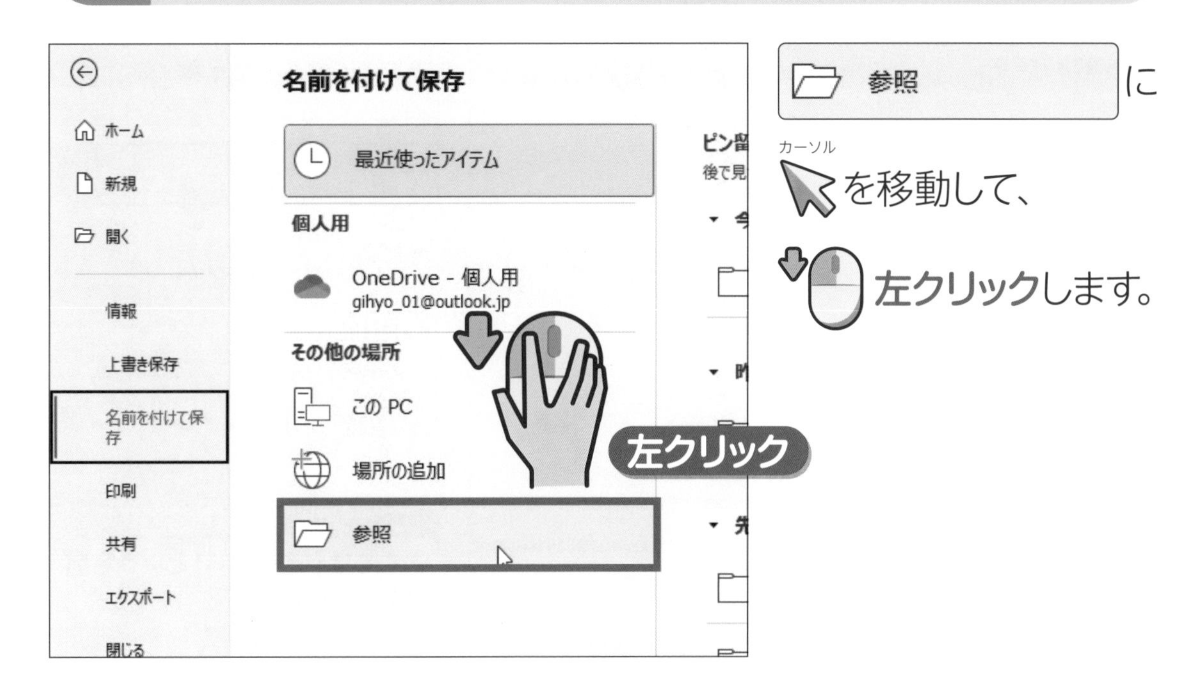

3 ファイルの保存先を選びます　その2

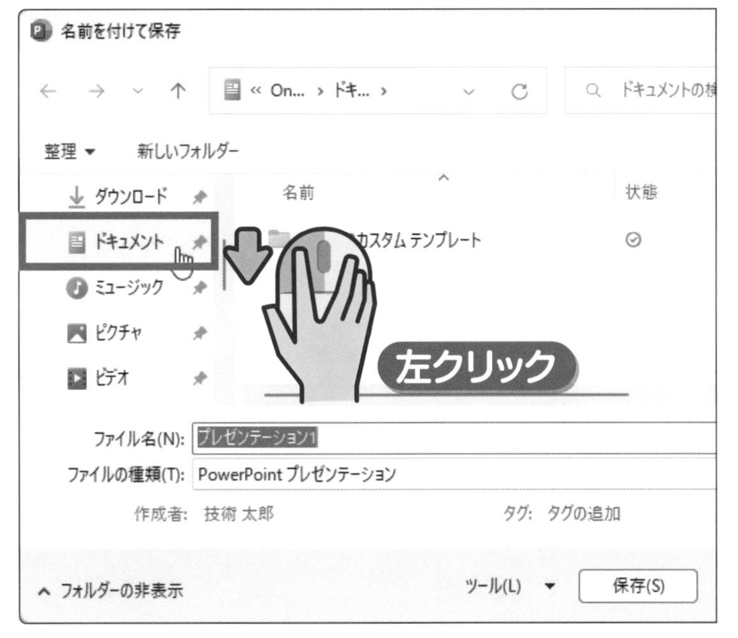

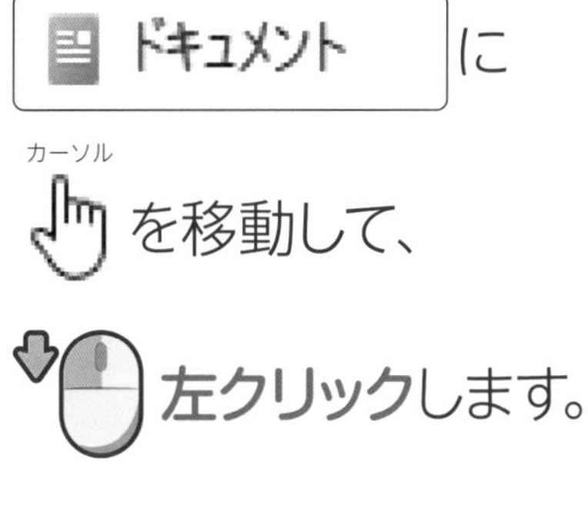

4 ファイル名を入力します

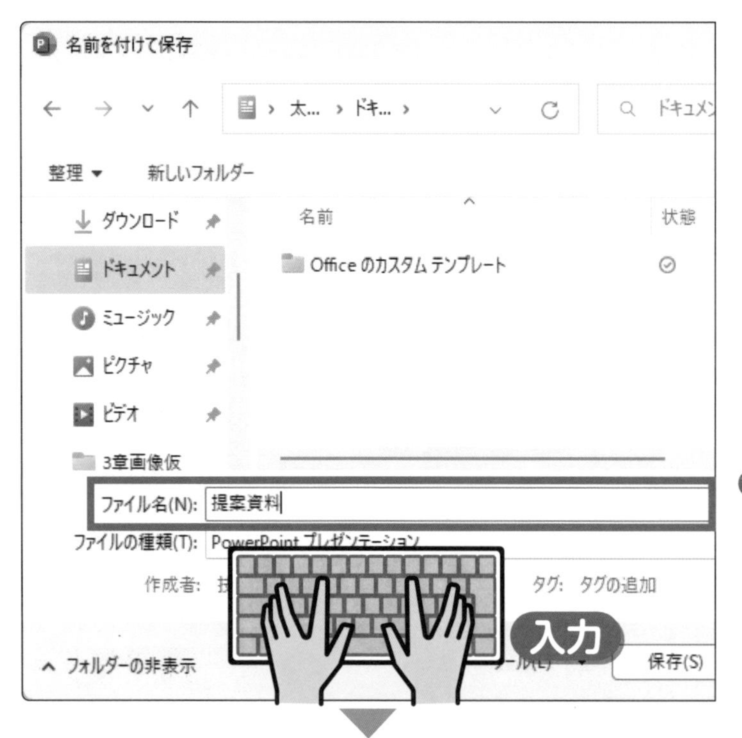

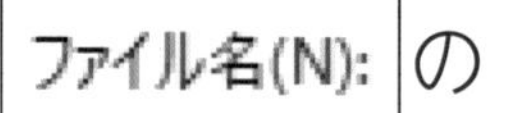 の

 に

ファイルにつけたい
名前を
入力します。

ポイント
ここでは「提案資料」という名前を入力します。

 を

左クリックします。

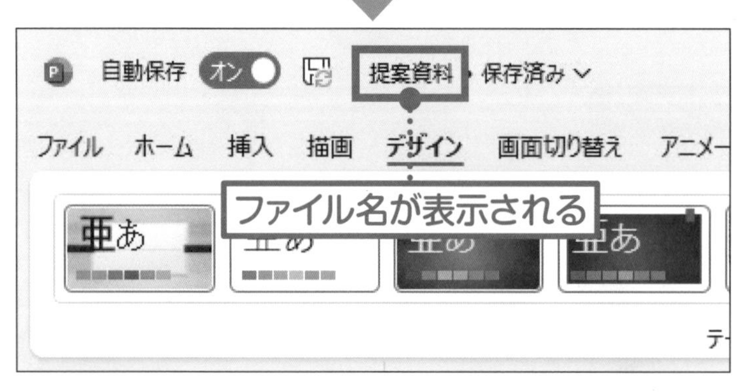

ファイルが
保存されました。

コラム

2回目以降は上書き保存する

一度保存したファイルを変更した場合は、
クイックアクセスツールバーの 上書き保存 を**左クリック**すると
変更内容を保存できます。これを「上書き保存」といいます。
上書き保存では、34ページのような
「名前を付けて保存」画面は表示されません。
上書き保存の方法については、68ページを参照してください。

● はじめて保存する場合（新規保存）

ファイル を**左クリック**して、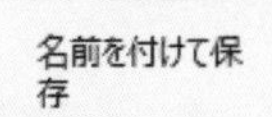 を**左クリック**します。

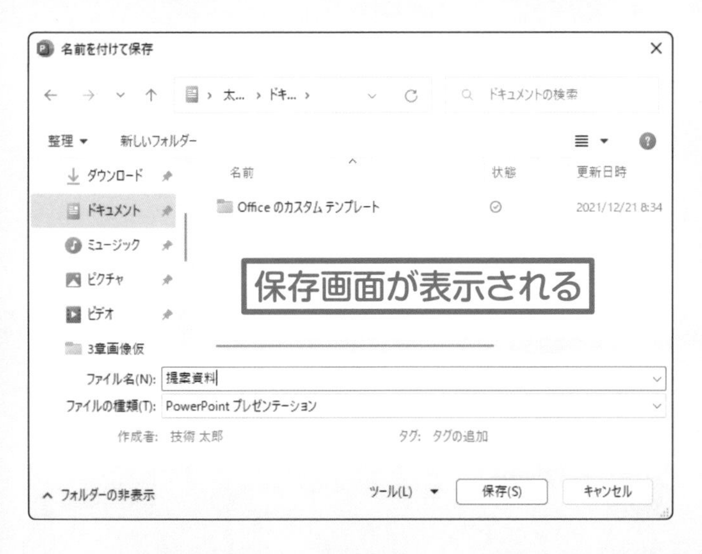

▶ 新しいファイルが保存される

● 2回目以降に保存する場合（上書き保存）

  保存画面は表示されない  最新の内容に更新して保存される

08 » パワーポイントを終了しよう

作業が終わったら、パワーポイントを終了します。
ここでは、終了の正しい操作を覚えましょう。

1 パワーポイントを終了します

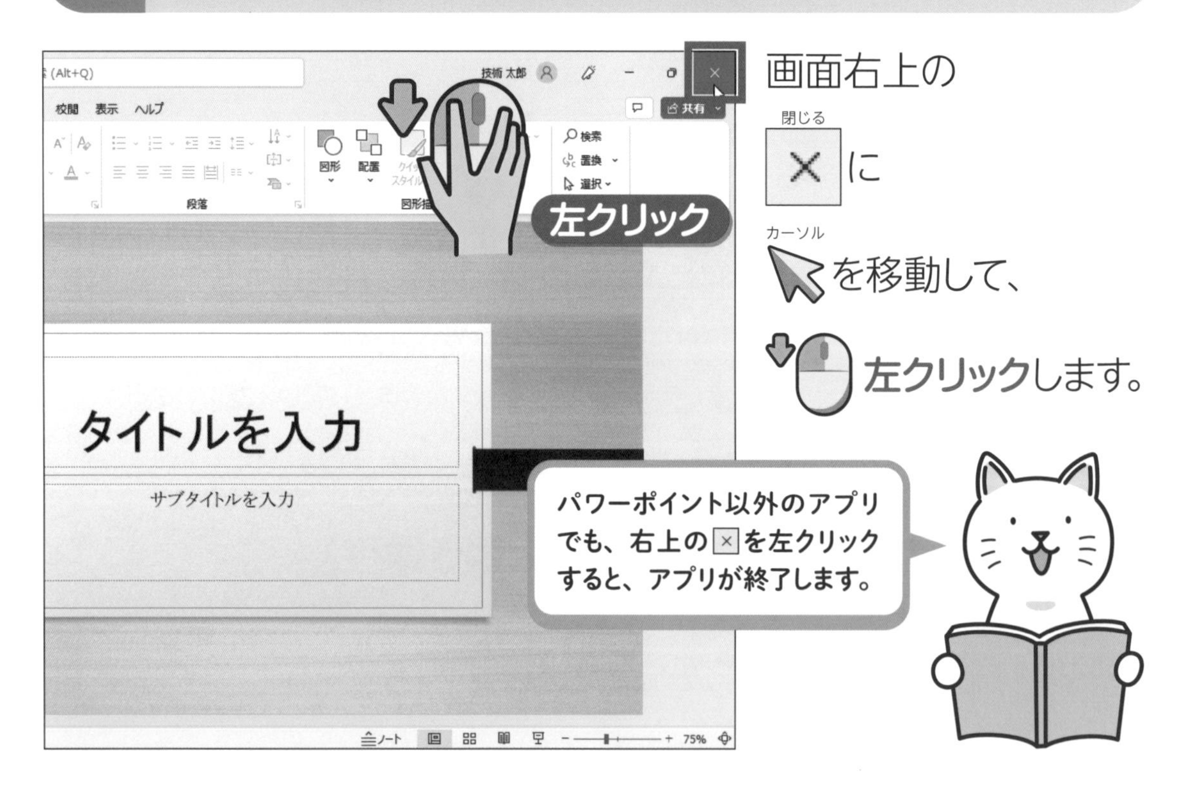

画面右上の 閉じる × に カーソル を移動して、左クリックします。

パワーポイント以外のアプリでも、右上の × を左クリックすると、アプリが終了します。

2 メッセージが表示された場合は

左の画面が
表示されたら、

を

左クリックします。

3 パワーポイントが終了しました

パワーポイントが終了して、デスクトップが表示されます。

09 » 保存したプレゼンテーションを開こう

32ページで保存したパワーポイントのファイルを開きましょう。
ここでは、パワーポイントを起動した直後の画面でファイルを開きます。

1 ファイルを開く準備をします

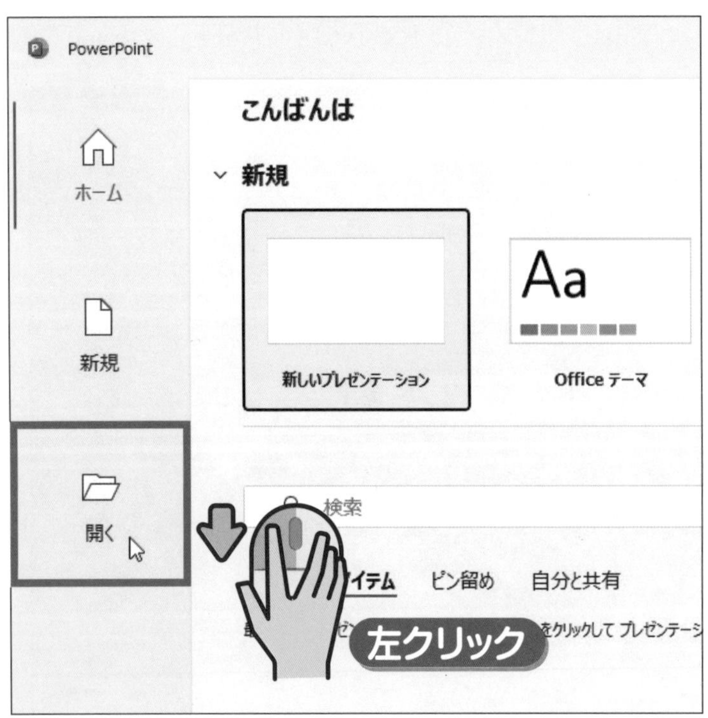

20ページの方法で、パワーポイントを起動します。

に

カーソルを移動して、

2 ファイルの保存先を選びます

3 ドキュメントを選びます

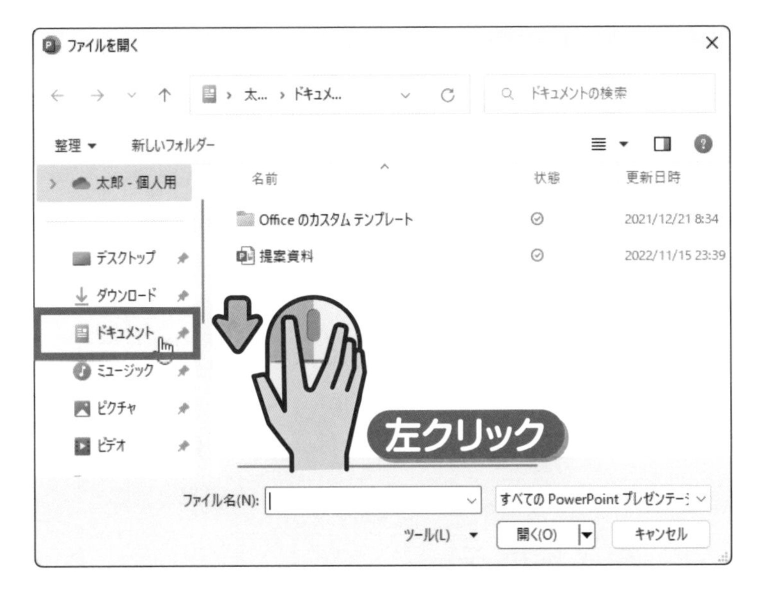

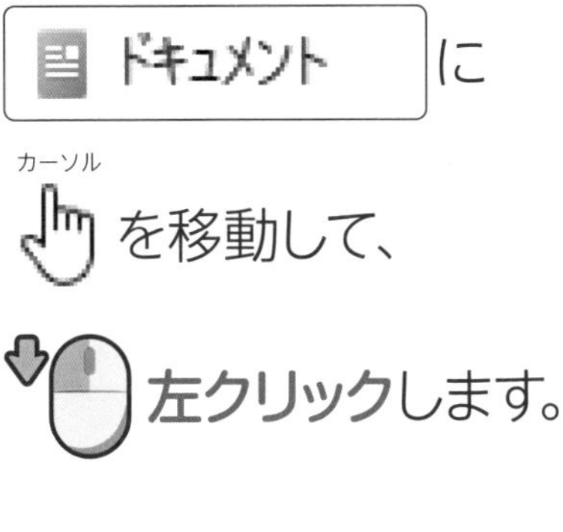

次へ

4 ファイルを開きます

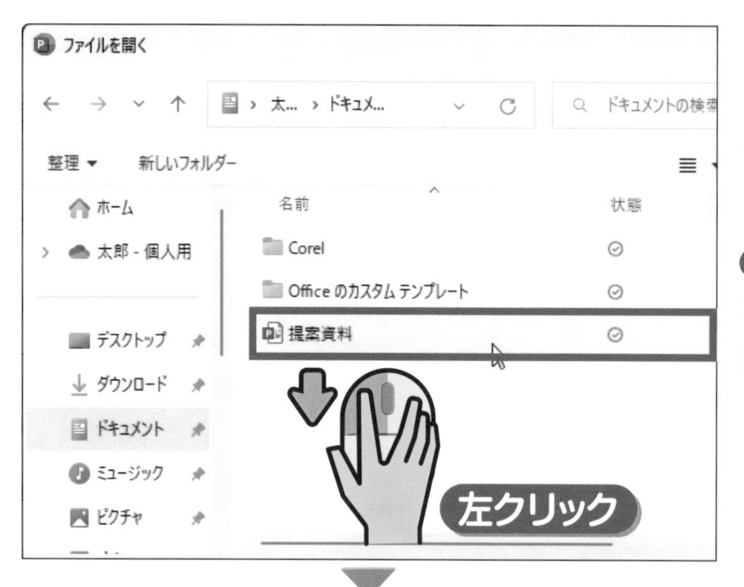

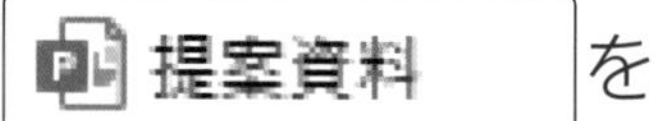

を

左クリックします。

ポイント

「提案資料」は34ページで保存したファイルです。

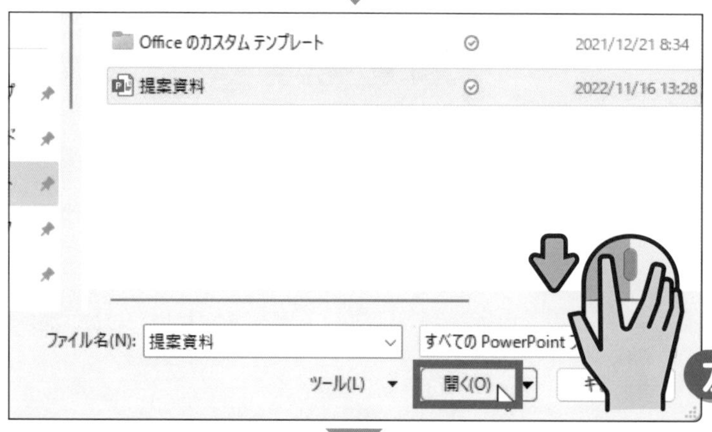

を

左クリックします。

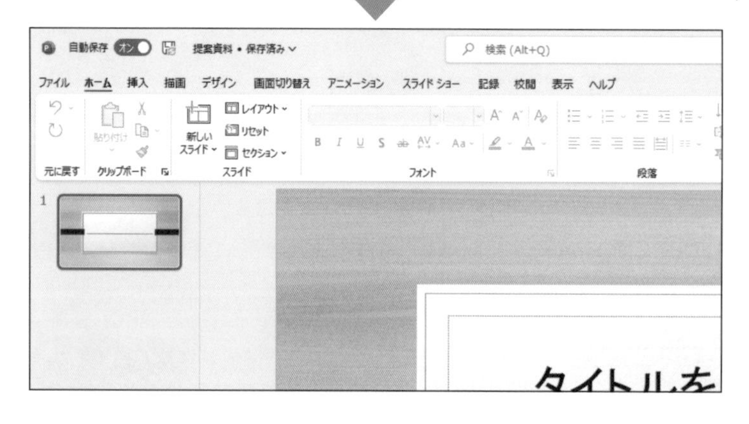

「提案資料」の
ファイルが開きました。

36ページの方法で、
パワーポイントを終了
します。

コラム

最近使ったファイルをすばやく開くには

過去に使用したファイルは、一覧に表示されるので、一覧から選ぶだけで開くことができます。

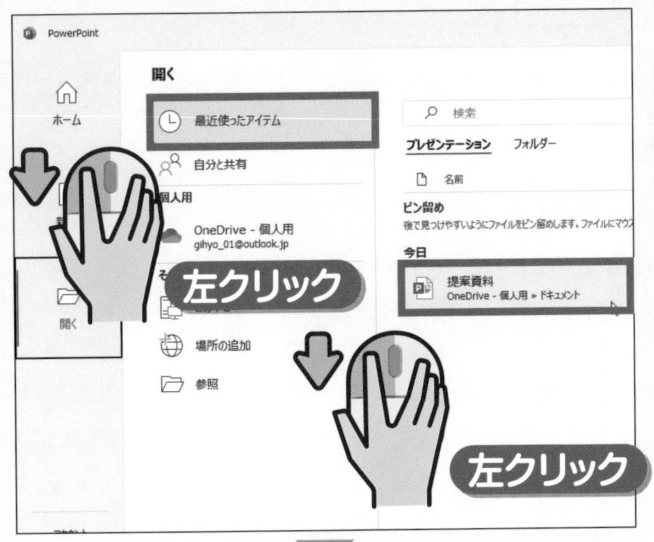

39ページの画面で、

を

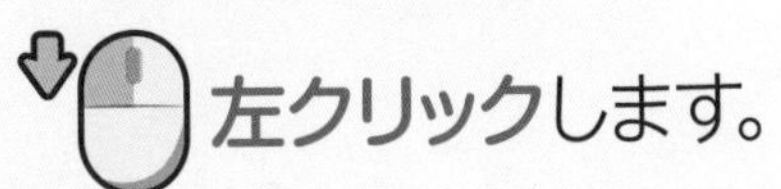

左クリックします。

を

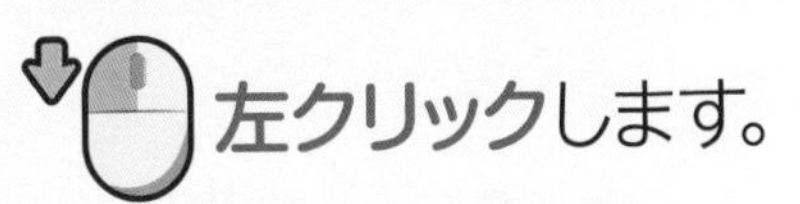

左クリックします。

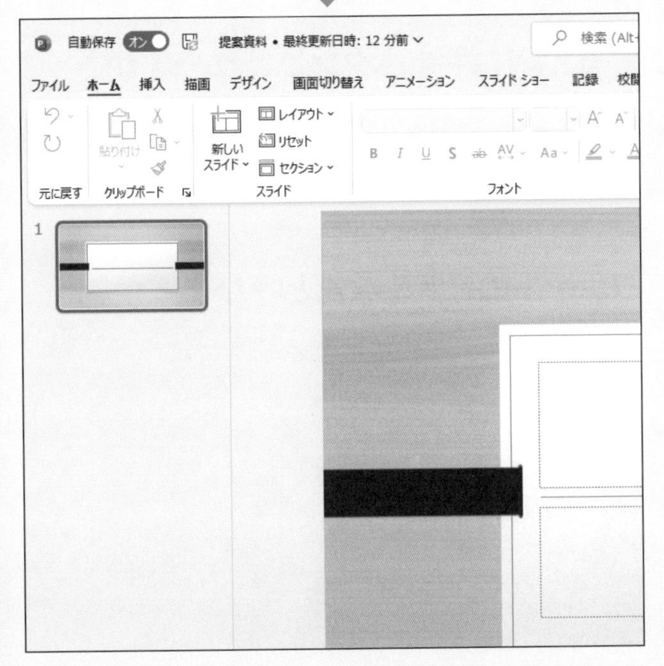

「提案資料」のファイルが開きました。

練習問題

1 パワーポイントを起動するときに、
最初に押すボタンはどれですか？

2 パワーポイントで提案などの内容を書いた
1枚1枚の紙のことをなんと呼びますか？

❶ レイアウト
❷ スライド
❸ サムネイル

3 パワーポイントを終了するときに押すボタンはどれですか？

4 パワーポイントでは、ファイルのことをなんと呼びますか？

❶ プレースホルダー
❷ プレゼンテーション
❸ リボン

第2章

2 文字を入力しよう

この章で学ぶこと

- タイトルを入力できますか？
- 作成者の情報を入力できますか？
- 新しいスライドを追加できますか？
- 箇条書きの本文を作成できますか？
- 文字を修正できますか？

01 » この章でやること～文字の入力

この章では、スライドに文字を入力する方法を学びます。
パワーポイントでは、文字はプレースホルダーという枠に入力します。

タイトルと本文を入力

スライドには、次の2種類の文字を入力します。

❶ スライドの内容がわかるタイトル

❷ 箇条書きで簡潔にまとめた本文

文字を入力する手順

スライドには、**プレースホルダー**という
文字を入力するための枠が用意されています。
文字は、次の手順でプレースホルダーに入力します。

❶ プレースホルダーを選択する

タイトルを入力

❷ 文字を入力する

当社サービスの特徴

❸ プレースホルダーの選択を解除する

当社サービスの特徴

02 » タイトルを入力しよう

表紙のスライドにプレゼンテーションのタイトルを入力します。
ここでは、プレースホルダーに文字を入力する基本手順を覚えましょう。

1 文字を入力する準備をします

38ページの手順で「提案資料」を開いておきます。
表紙のスライドが表示されます。

「タイトルを入力」と
表示された
プレースホルダーを

左クリックします。

ポイント

このプレースホルダーには、プレゼンテーションのタイトルを入力します。

2 タイトルを入力します

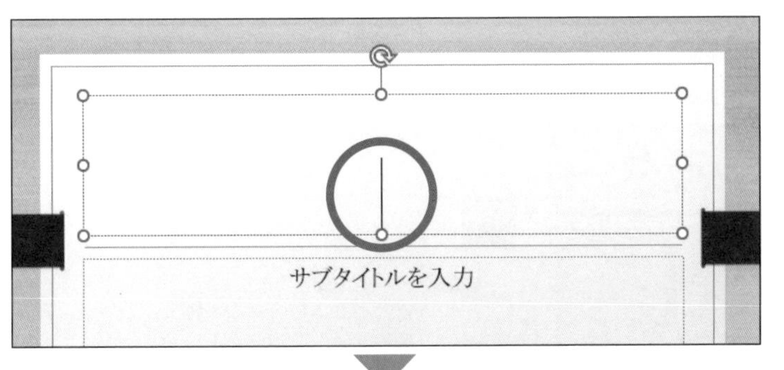

文字カーソル | が表示されます。

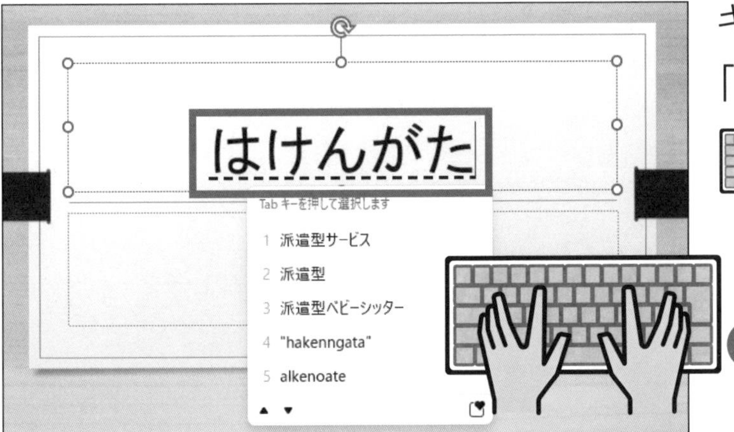

キーボードで「はけんがた」と入力します。

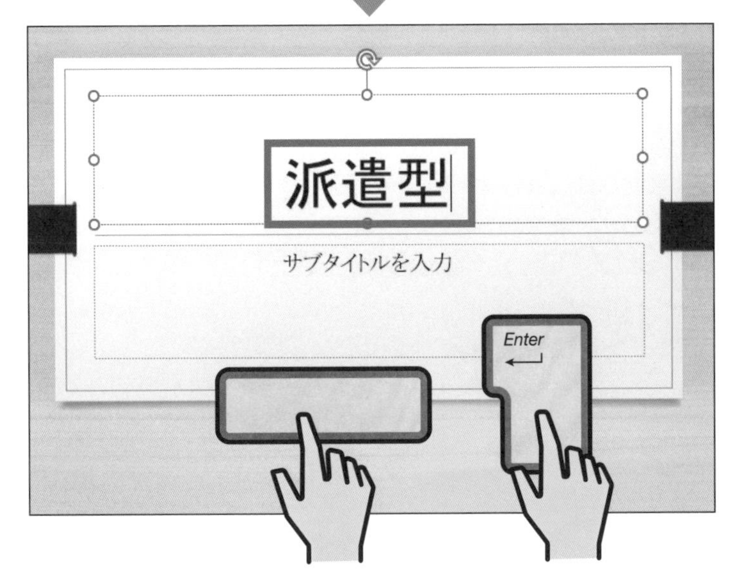

スペース キーを押して、「派遣型」に変換します。

キーを押して、文字を確定します。

3 続きの文字を入力します

「ベビーシッター」と

入力します。

エンター

Enter キーを押して改行します。

2行目の文字を

入力します。

ポイント

「」は Shift キーを押しながら ゜キーと む キーを押して入力します。

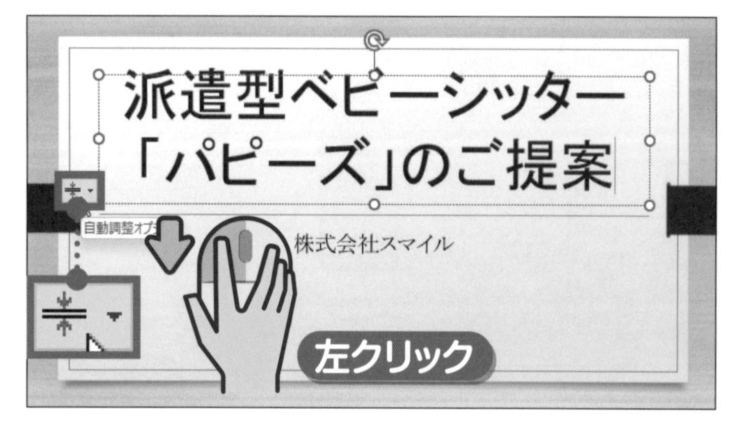

プレースホルダーの枠から文字があふれます。

自動調整オプション

左下の ÷ ▾ を

左クリックします。

4 枠内に文字を収めます

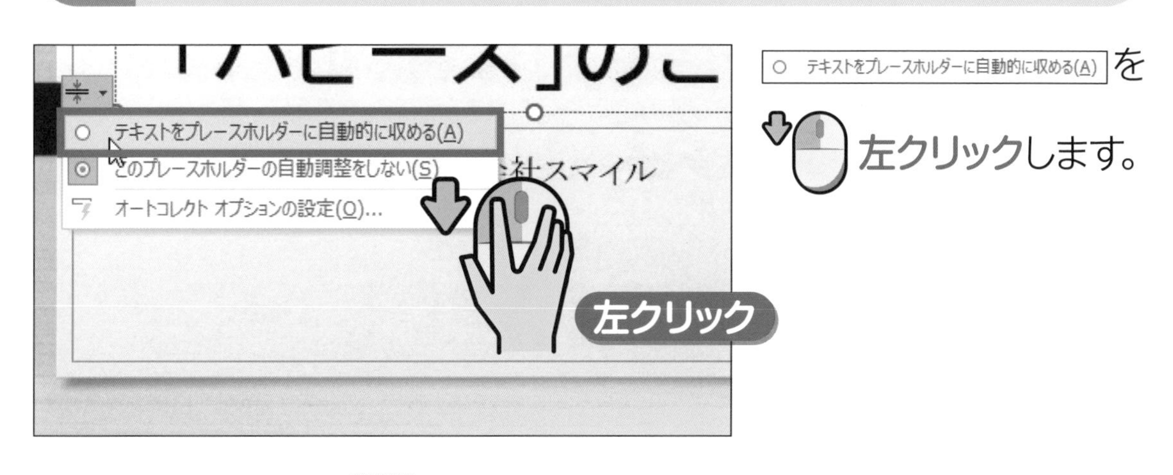

テキストをプレースホルダーに自動的に収める(A) を

左クリックします。

文字が縮小されて、
枠内に収まりました。

プレースホルダーの外を

タイトルの入力が
完了しました。

03 » 作成者の情報を入力しよう

表紙には、プレゼンテーションの作成者の情報も必要です。
タイトルの下のプレースホルダーに会社名を入力しましょう。

操作

1 文字を入力する準備をします

38ページの手順で「提案資料」を開いておきます。

「サブタイトルを入力」と表示されたプレースホルダーを

左クリックします。

ポイント

このプレースホルダーには、会社名や担当者名を入力します。

2 会社名を入力します

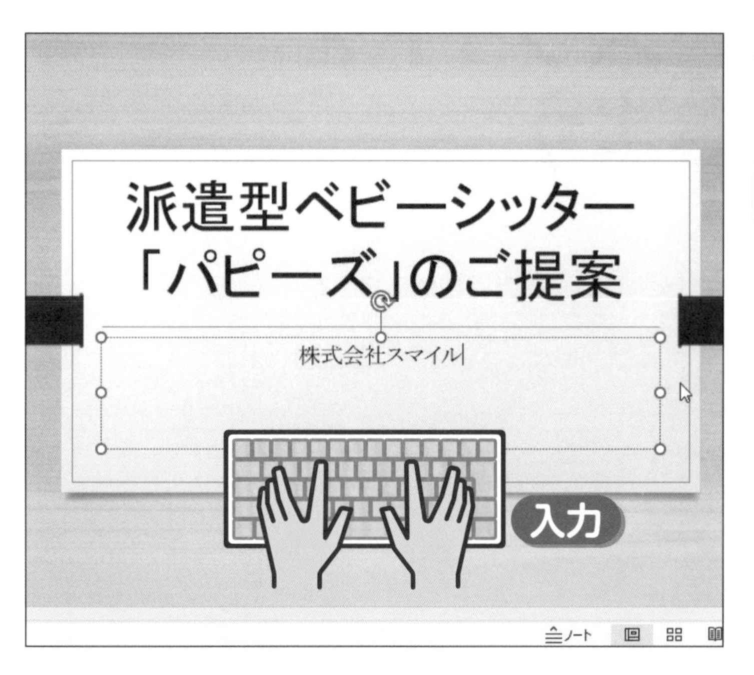

47ページの方法で、「株式会社スマイル」と入力します。

3 会社名が入力されました

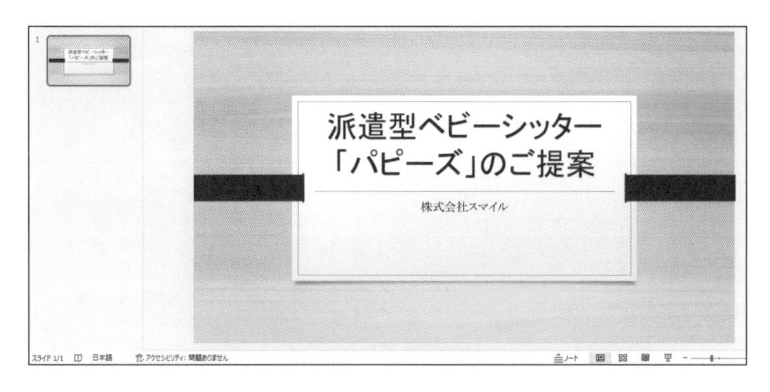

会社名が入力されました。

これで表紙のスライドが完成しました。

プレースホルダーには、文字の種類やサイズ、配置などの書式が設定されています。そのため、必要な文字を入力するだけで、スライドが完成します！

04 » 新しいスライドを追加しよう

表紙ができたら、必要なスライドを順番に追加しましょう。
新しいスライドを追加するときには、内容に合うレイアウトを選びます。

操作

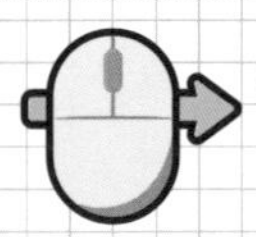

移動 ▶P.012

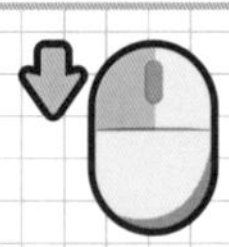

左クリック ▶P.013

 追加するスライド

ここでは、表紙以外に以下の5枚のスライドを作成します。

スライド番号	タイトル	使用するレイアウト
2	ベビーシッターとは?	2つのコンテンツ
3	利用の主な理由	タイトルとコンテンツ
4	「パピーズ」のサービス内容	タイトルとコンテンツ
5	ご利用までの流れ	タイトルとコンテンツ
6	ご利用料金	タイトルとコンテンツ

スライド番号は、スライドを表示する順番です。
51ページで完成した表紙のスライドが「1」です。

1 スライド2を追加します

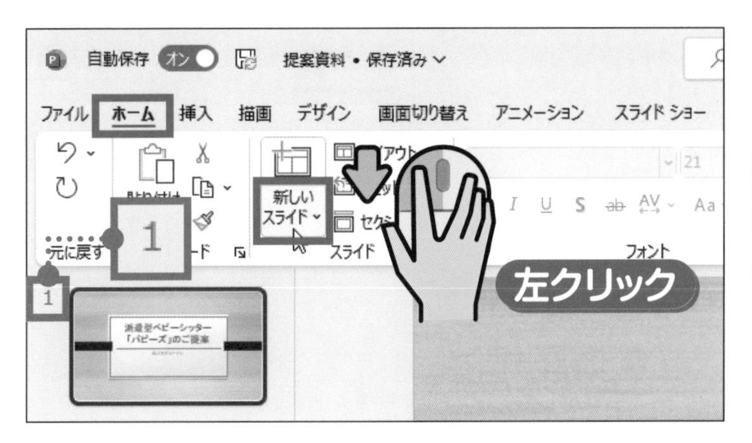

38ページの手順で「提案資料」を開き、

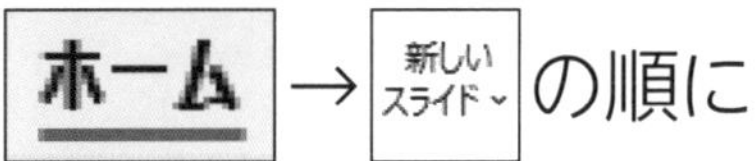

ホーム → 新しいスライド の順に

左クリックします。

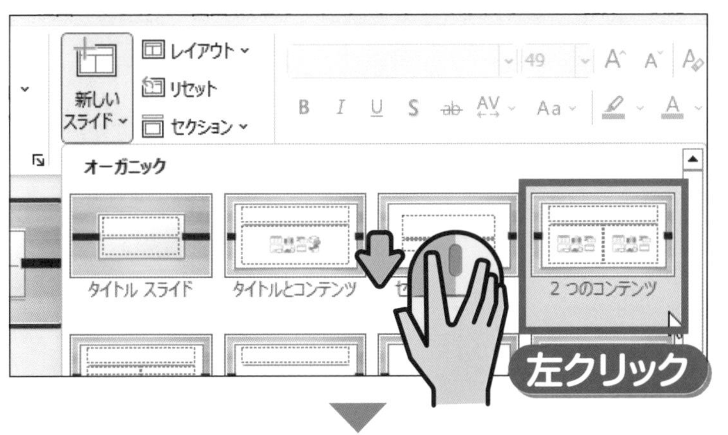

レイアウトの一覧から

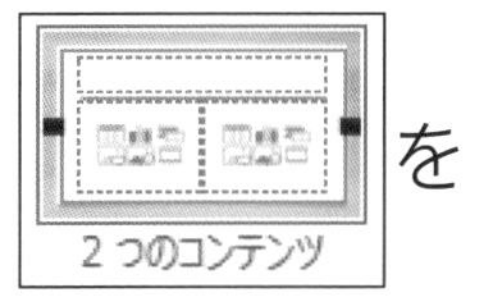

を

左クリックします。

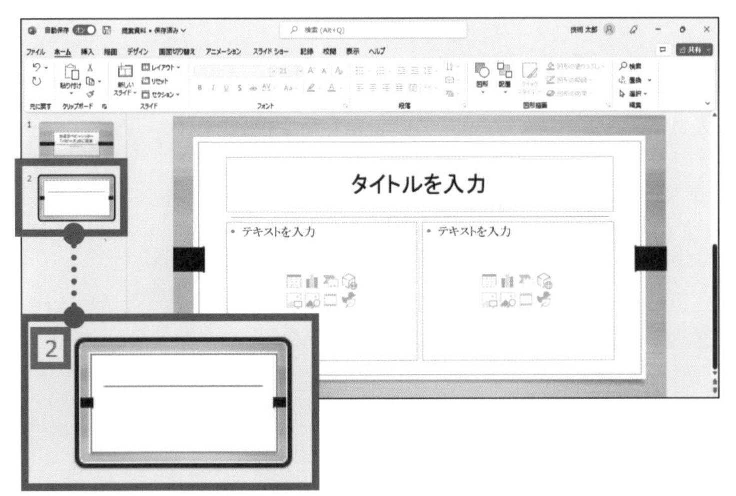

スライド2が追加されます。

ポイント

スライド番号は、サムネイルの左上で確認できます。

2 スライド3を追加します

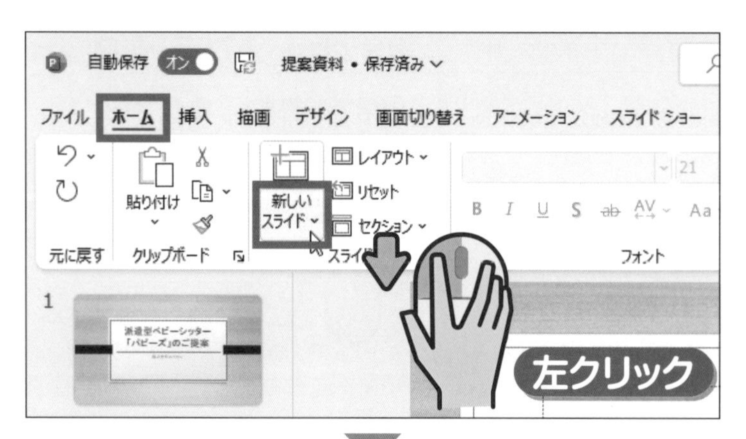

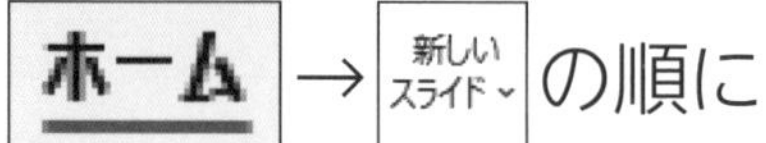

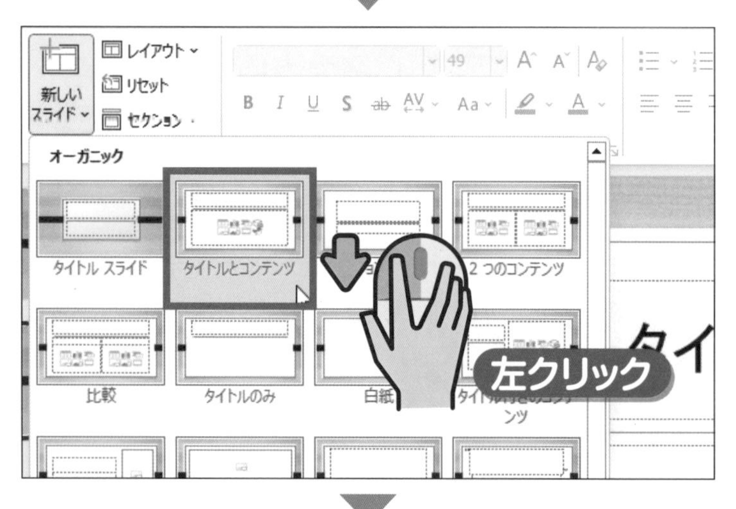

レイアウトの一覧から

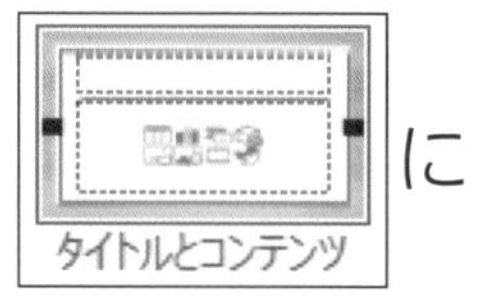

に

カーソル

を移動して、

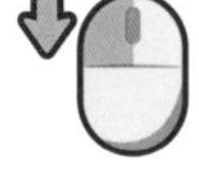

左クリックします。

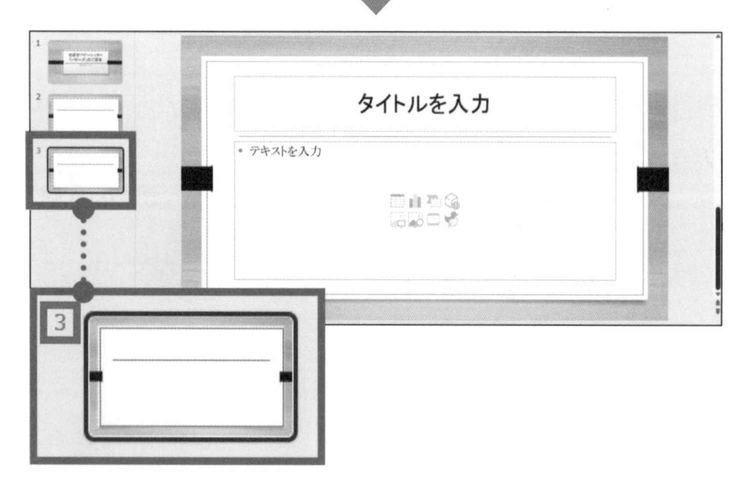

スライド3が
追加されます。

3 スライド4から6までを追加します

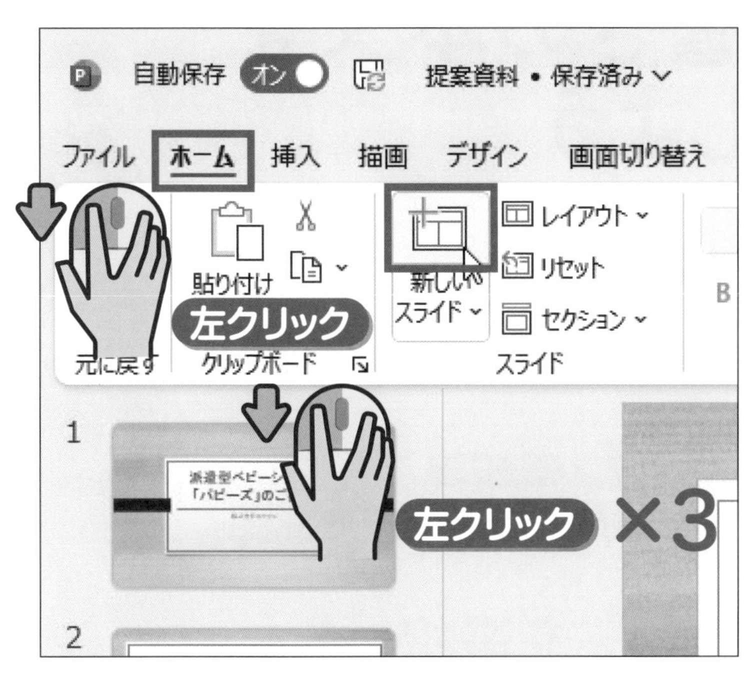

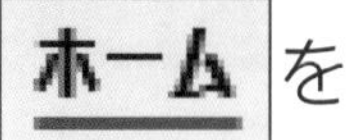を

新しいスライド

ポイント

は、直前に指定したレイアウトのスライドを、すばやく追加するボタンです。

4 すべてのスライドが追加されました

4から6までのスライドが追加されました。

05 » 箇条書きの本文を入力しよう

追加したスライドに、タイトルや本文の文字を入力します。
パワーポイントでは、本文は箇条書きで入力されます。

操作

1 入力したいスライドを選択します

サムネイルペインで、スライド2のサムネイルを

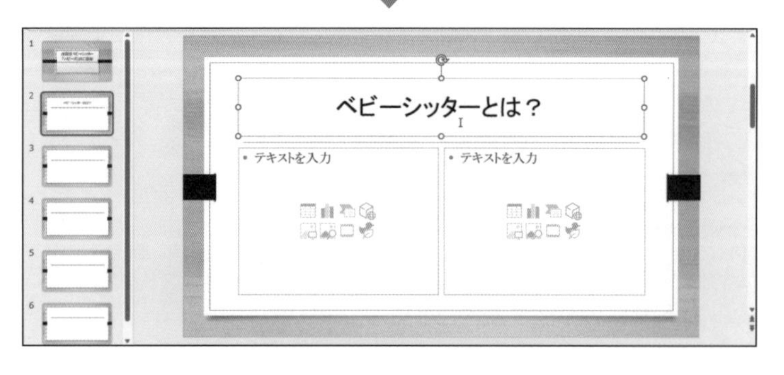

スライド2が表示されます。

2 スライドのタイトルを入力します

上のプレースホルダーに「ベビーシッターとは?」と

入力します。

ポイント

「?」は Shift キーを押しながら め キーを押して入力します。

56ページの方法で、スライド3を選択して、同様にタイトルを

入力します。

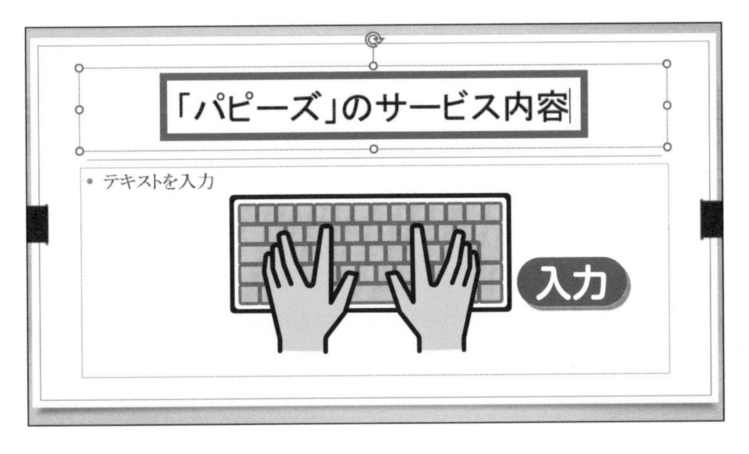

同様に、スライド4にタイトルを

入力します。

3 スライド4の本文を入力します

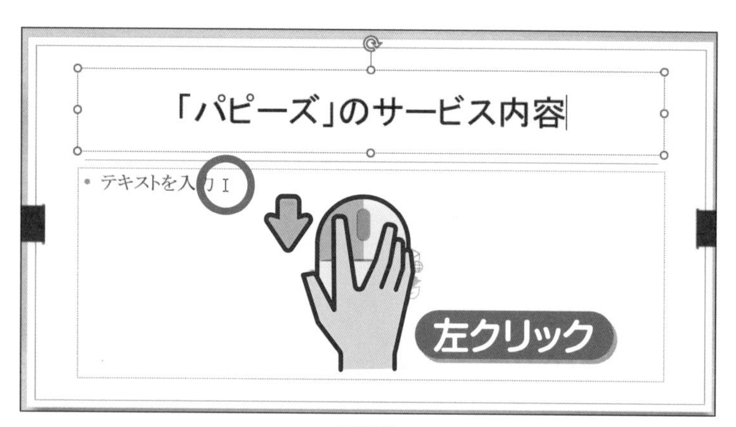

スライド4の「テキストを入力」を左クリックします。

最初の項目を入力します。

エンター Enter キーを押して、改行し、残りの項目を

入力します。

ポイント

本文を入力すると、先頭に記号が表示され、自動で箇条書きになります。改行すると、次の行にも記号が追加されます。

4 スライド5のタイトルを入力します

56ページの方法でスライド5を選択して、タイトルを入力します。

5 スライド6のタイトルを入力します

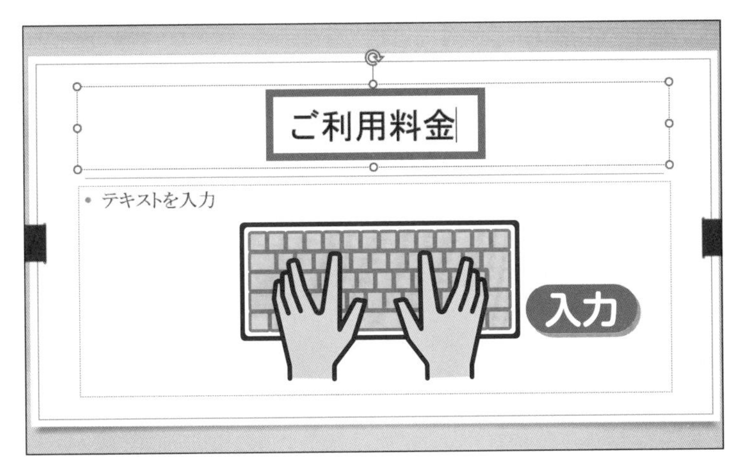

スライド6を選択して、同様にタイトルを入力します。

ここまでの操作で、次の2点を確認しましょう！
・すべてのスライドにタイトルが入力されている
・スライド4に、本文が入力されている

06 » 箇条書きでない本文を入力しよう

スライドの本文は、箇条書きでないレイアウトにすることもできます。
箇条書きではない文字を追加する方法を知っておきましょう。

1 文字を入力する準備をします

56ページの方法で、スライド2を選択しておきます。

左下の
プレースホルダーを
左クリックします。

2 箇条書きが表示されます

カーソルが表示され、先頭に●が薄く表示されます。

を左クリックします。

ポイント

●が表示されるのは、箇条書きの書式が設定されているためです。

3 箇条書きを解除します

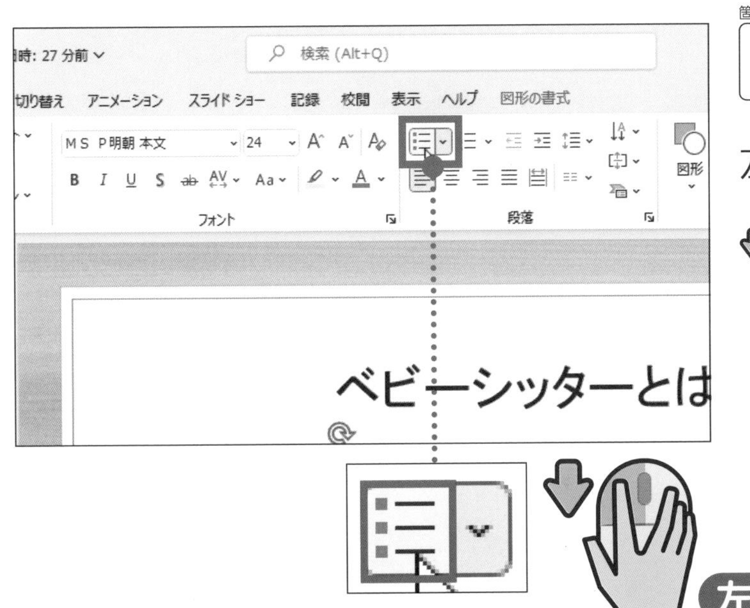

箇条書き の左側の を左クリックします。

4 箇条書きが解除されました

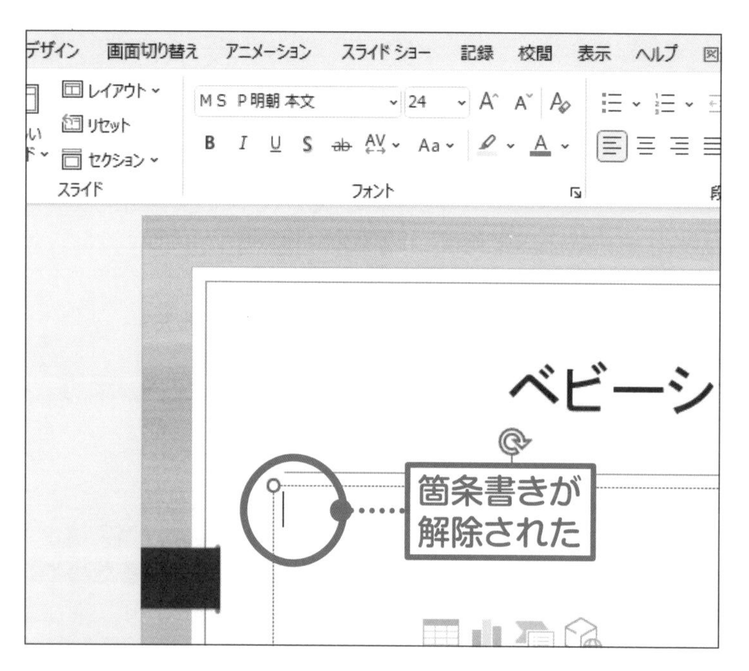

プレースホルダーの

●がなくなります。

これで箇条書きが

解除されました。

5 本文を入力します

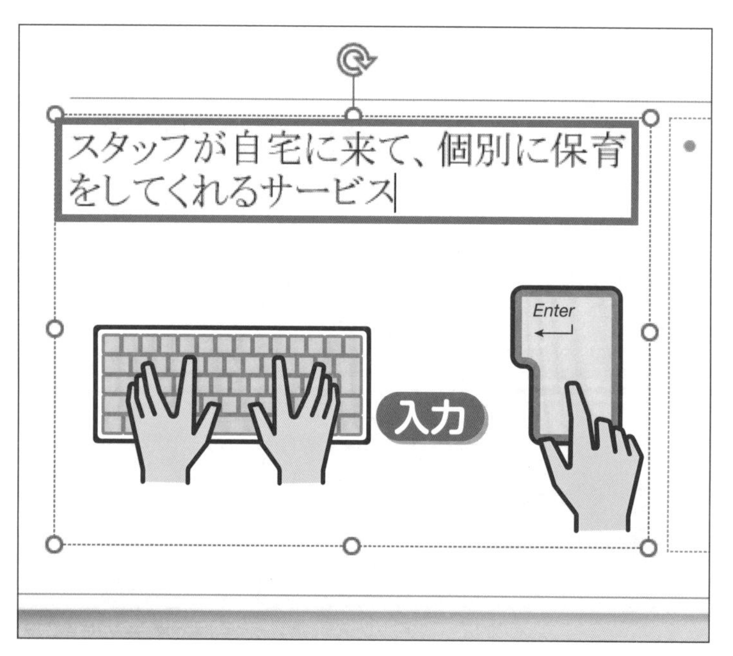

左の図のように、

本文を

入力します。

入力後、

キーを押して

改行します。

6 改行されました

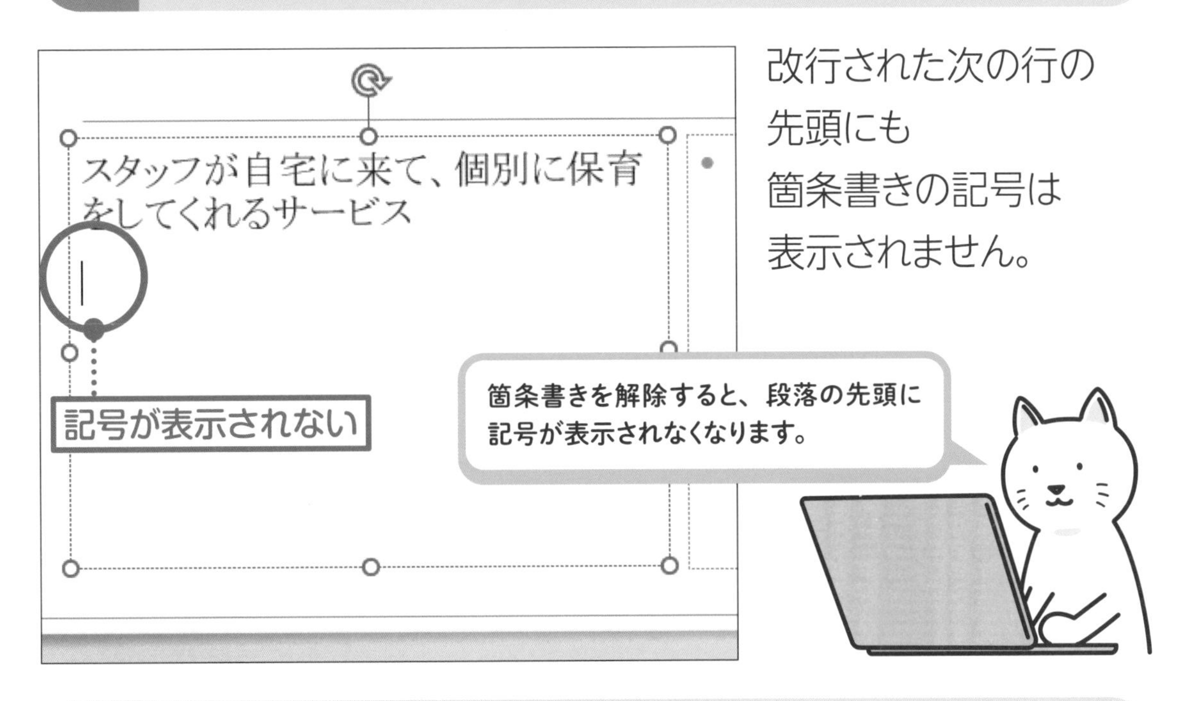

改行された次の行の先頭にも箇条書きの記号は表示されません。

7 続きの本文を入力します

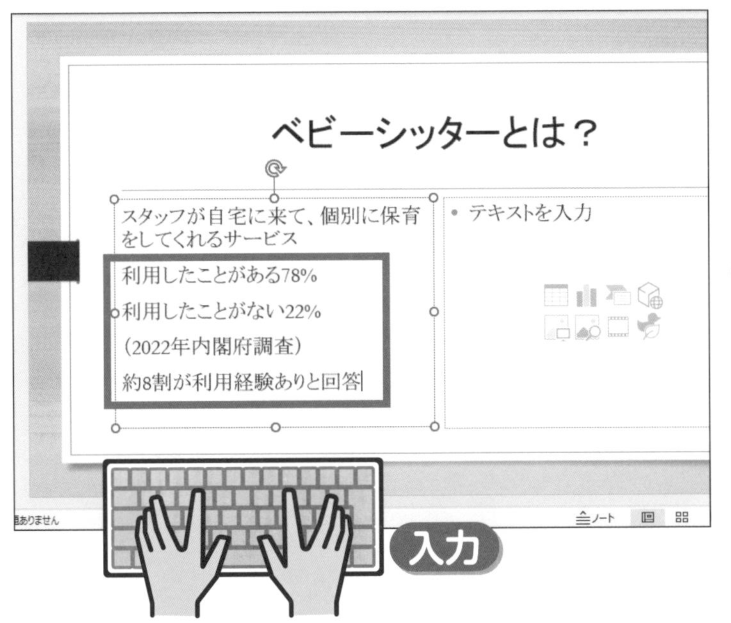

同様にして、残りの本文を

入力します。

ポイント

- 「%」は、Shift キーを押しながらえのキーを押して入力します。
- 「（」「）」は Shift キーを押しながらゆ、よのキーを押して入力します。

07 » 文字を修正しよう

プレースホルダーに入力した文字は、いつでも修正できます。
ここでは、文字を修正する方法を知っておきましょう。

1 文字を修正する準備をします

56ページの方法で、スライド2を選択しておきます。
ここでは、「スタッフ」を「シッター」に変更します。

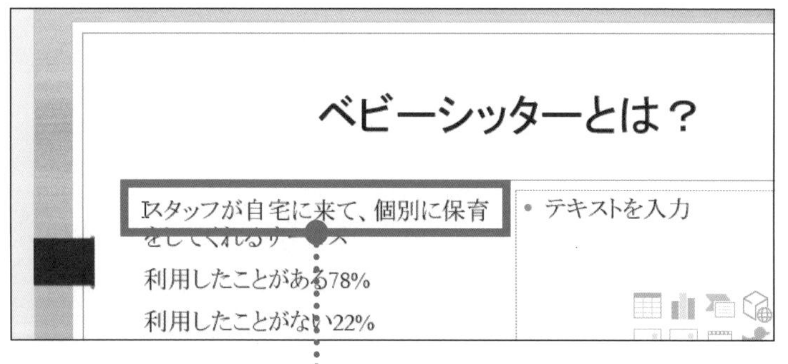

左下のプレースホルダーの「スタッフ」の左にカーソルを移動して、

2 文字を修正します

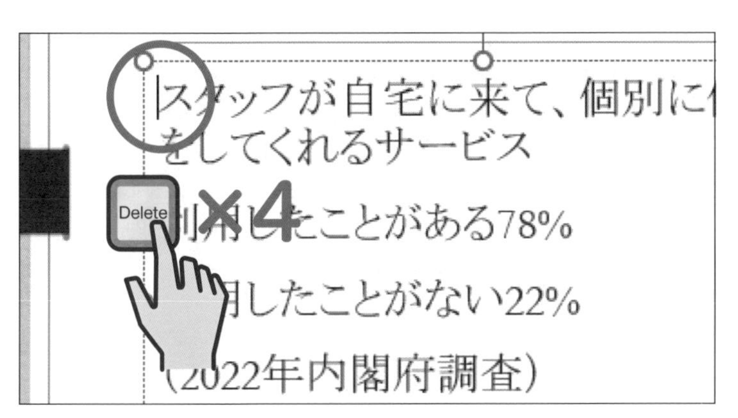

「ス」の左に文字カーソルが表示されます。

デリート
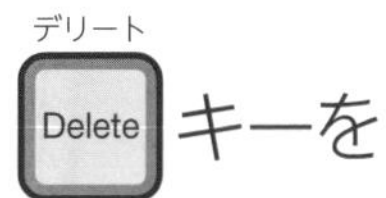
キーを4回押します。

「スタッフ」の4文字が削除されました。

ポイント

カーソルの右にある文字を削除するには Delete キー、左にある文字を削除するには Back space キーを押します。

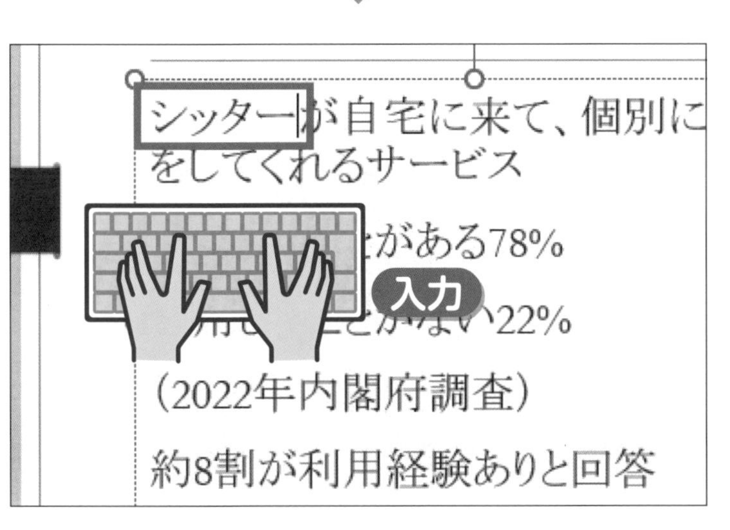

47ページの方法で「シッター」と

入力します。

08 » 文字をコピーしよう

繰り返し使う文字は、コピーすれば入力の手間が省けます。
ここでは、スライド間で文字をコピーする方法を覚えましょう。

1 文字を選択してコピーします

56ページの方法で、スライド2を選択しておきます。

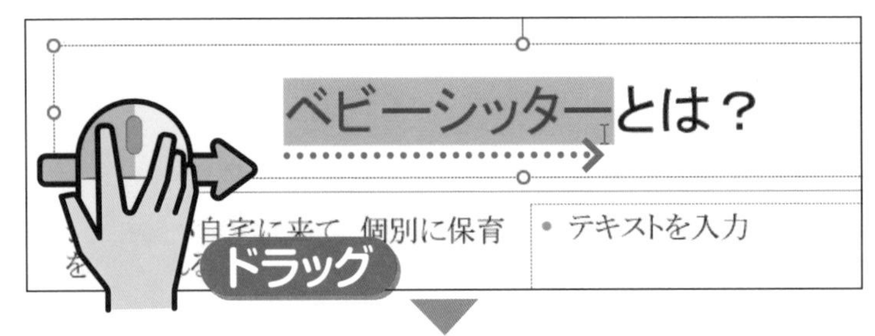

タイトルの文字、
「ベビーシッター」を

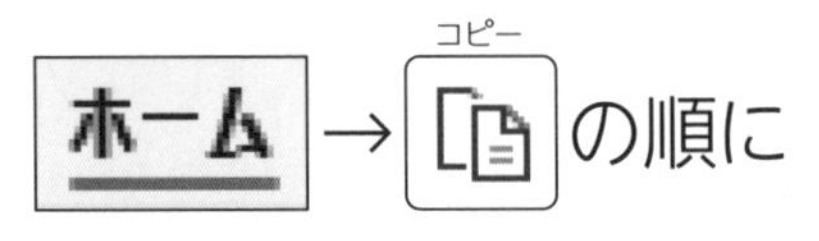

2 文字を貼り付けます

スライド3を選択します。

タイトルの左端に

カーソル を移動して、

左クリックします。

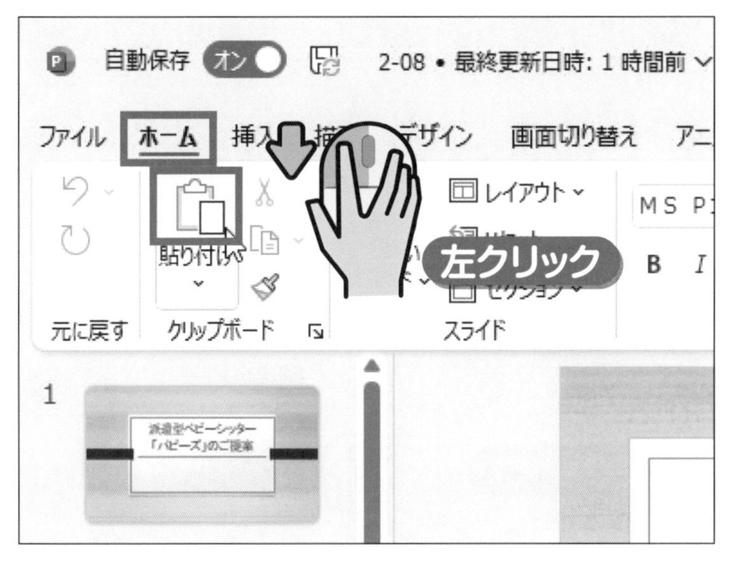

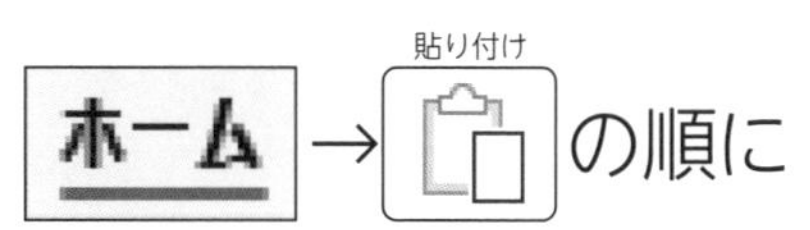

の順に

左クリックします。

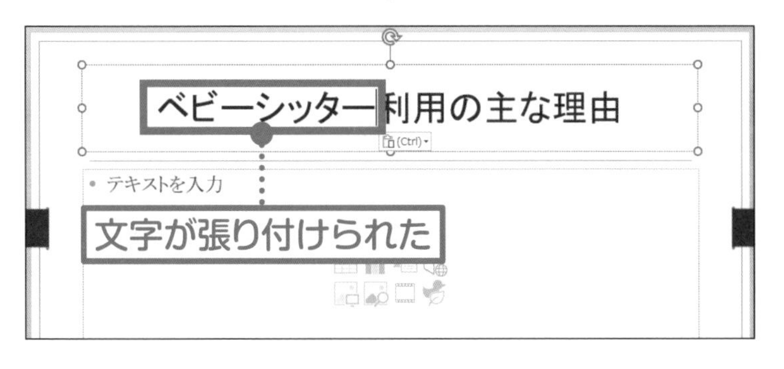

文字が
貼り付けられました。

09 » プレゼンテーションを上書き保存しよう

ファイルの内容を最新の状態にするには、上書き保存をします。
上書き保存はこまめに行いましょう。

1 「提案資料」を上書き保存します

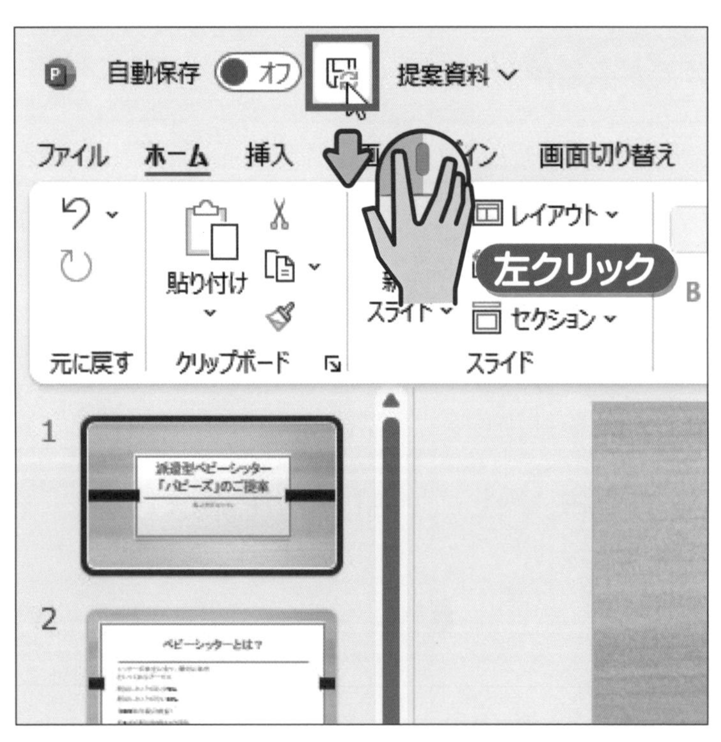

上書き保存に

カーソルを移動して、

左クリックします。

これで「提案資料」が
編集後の内容で
上書き保存されました。

2 パワーポイントを終了します

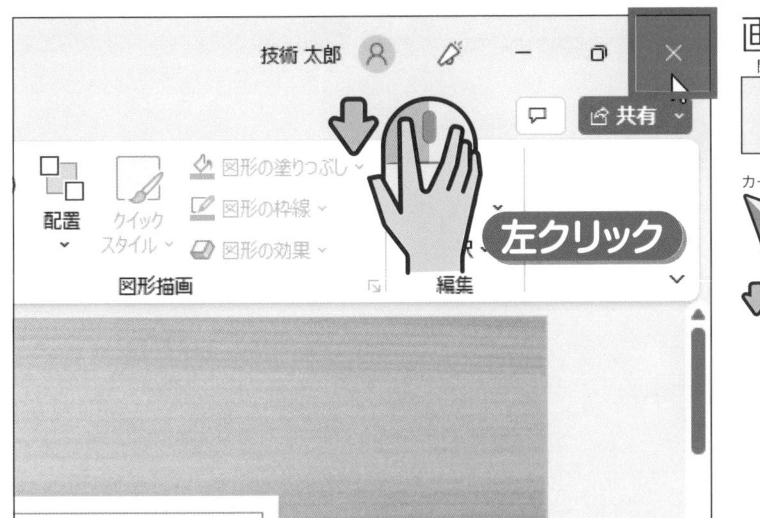

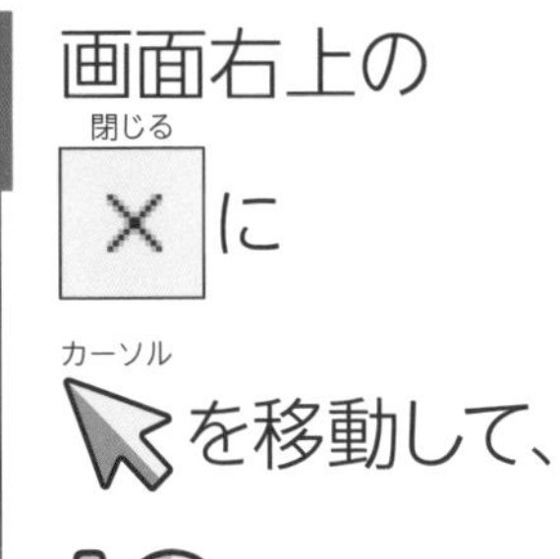

3 パワーポイントが終了しました

パワーポイントが終了しデスクトップが表示されました。

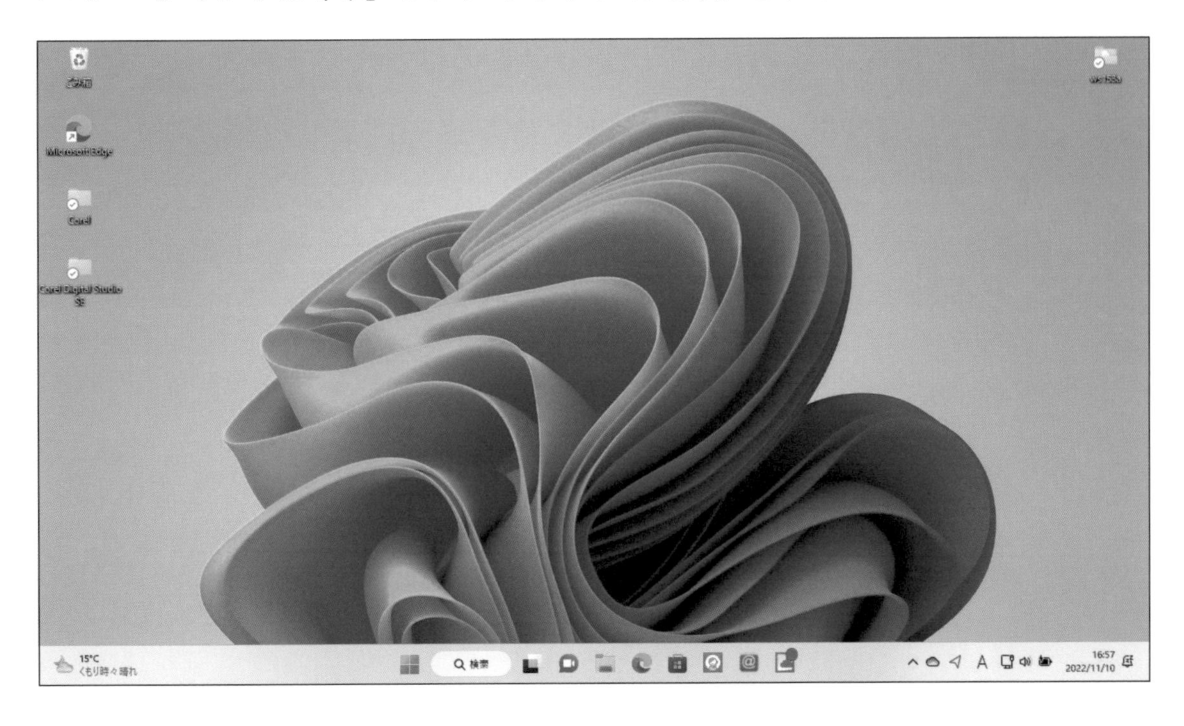

練習問題

1 スライドにあらかじめ用意された、文字を入力する枠のことをなんと呼びますか?

❶ スライドペイン
❷ プレースホルダー
❸ スライドのレイアウト

2 文字をコピーするとき、コピーしたい文字を選択した直後に押すボタンはどれですか?

3 上書き保存の説明として、正しいものはどれですか?

❶ プレゼンテーションに加えた変更を元に戻す
❷ プレゼンテーションの内容を更新して、最新の状態にする
❸ プレゼンテーションの編集後、別の名前でファイルを保存する

第3章

3 文字を装飾しよう・配置を変更しよう

この章で学ぶこと

- 文字の種類を変更できますか?
- 文字のサイズを変更できますか?
- 文字の色を変更できますか?
- 目盛りを表示できますか?
- 行の先頭を揃えることができますか?

01 » この章でやること～文字の飾り

この章では、文字の種類やサイズを変えたり、段落の配置を変更して、
入力した文字を見やすく整えましょう。

文字書式と段落書式

文字の飾りには、文字書式と段落書式の２種類があります。
文字書式は、１文字単位で設定できる飾りです。
段落書式は、段落単位で設定する飾りです。
どちらも、飾りをつける文字や段落を選択してから設定します。

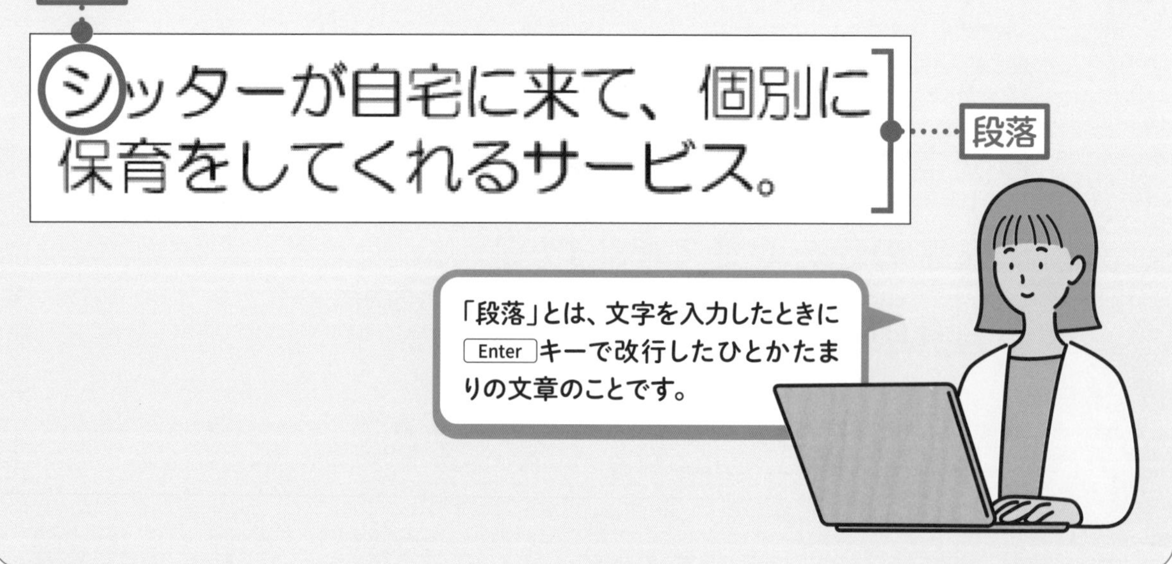

この章で設定する文字書式

文字の種類、サイズ、色を変更します。

太字を設定します。

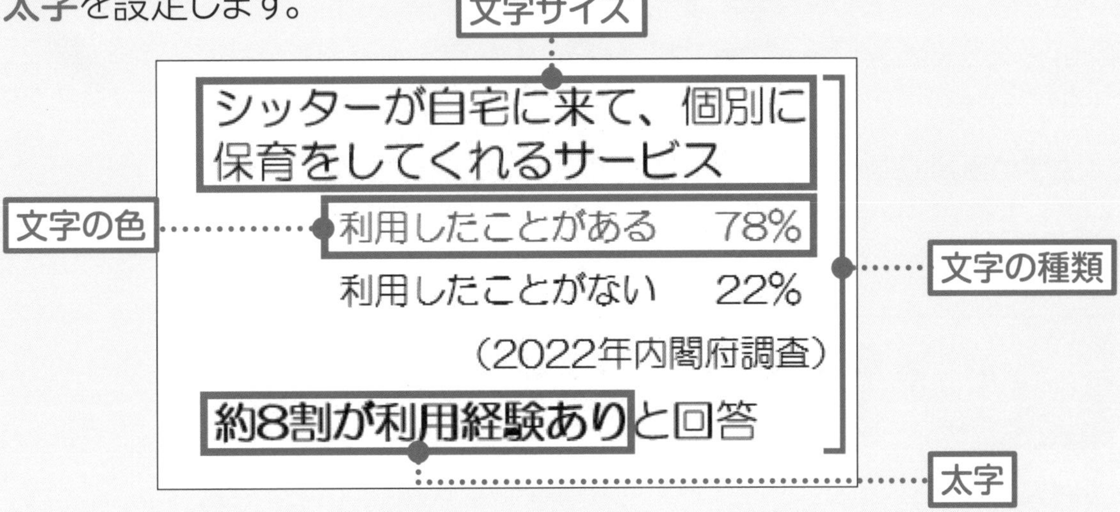

文字サイズ

シッターが自宅に来て、個別に
保育をしてくれるサービス

文字の色

利用したことがある　78%

利用したことがない　22%

文字の種類

（2022年内閣府調査）

約8割が利用経験ありと回答

太字

この章で設定する段落書式

段落の配置を右揃えに変更します。

段落の先頭位置を変更します。

行の途中で間をあけて項目を揃えます。

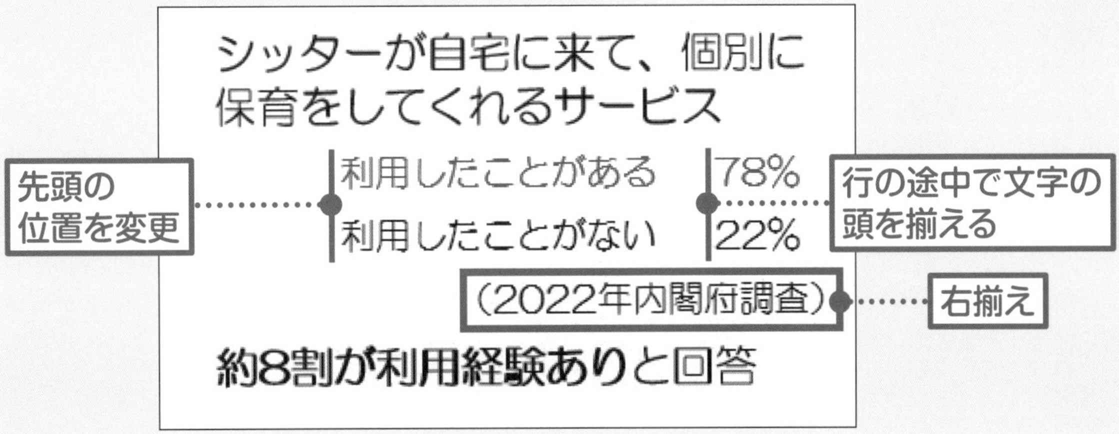

シッターが自宅に来て、個別に
保育をしてくれるサービス

先頭の
位置を変更

利用したことがある　78%

利用したことがない　22%

行の途中で文字の
頭を揃える

（2022年内閣府調査）

右揃え

約8割が利用経験ありと回答

02 » 文字の種類を変更しよう

文字の種類（フォント）は、あとから自由に変更できます。
ここでは、プレースホルダー全体の文字の種類をまとめて変更します。

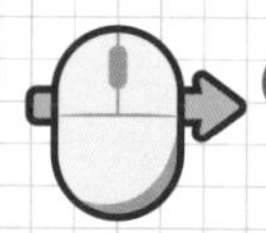

▶P.012

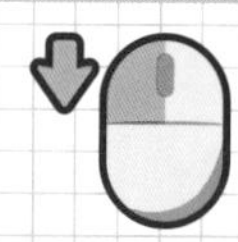

左クリック

▶P.013

1 文字の種類を変更する準備をします

38ページの方法で「提案資料」を開き、
56ページの方法で、スライド2を選択します。

左下の
プレースホルダーに
I（カーソル）を移動して、
左クリックします。

2 プレースホルダーを選択します

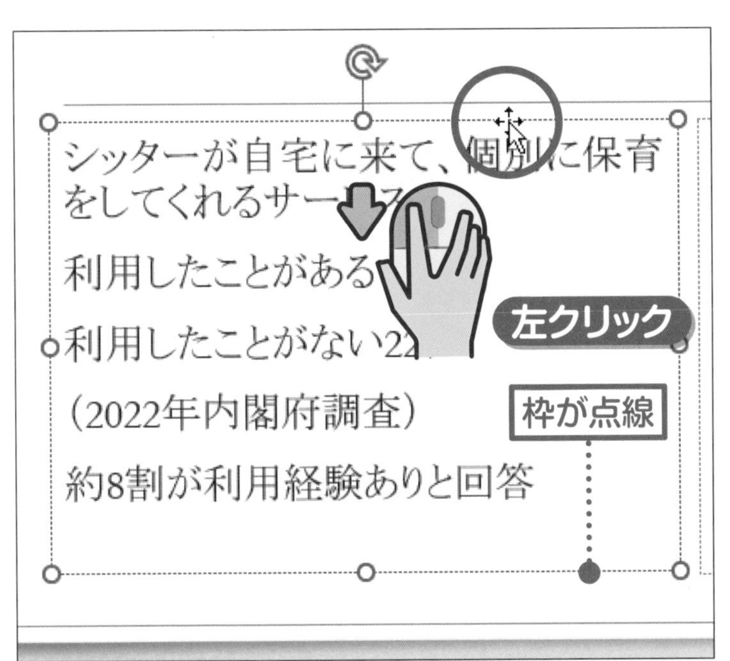

プレースホルダーの枠が点線で表示されます。

枠の上に カーソル を移動して、

左クリックします。

3 プレースホルダーが選択されました

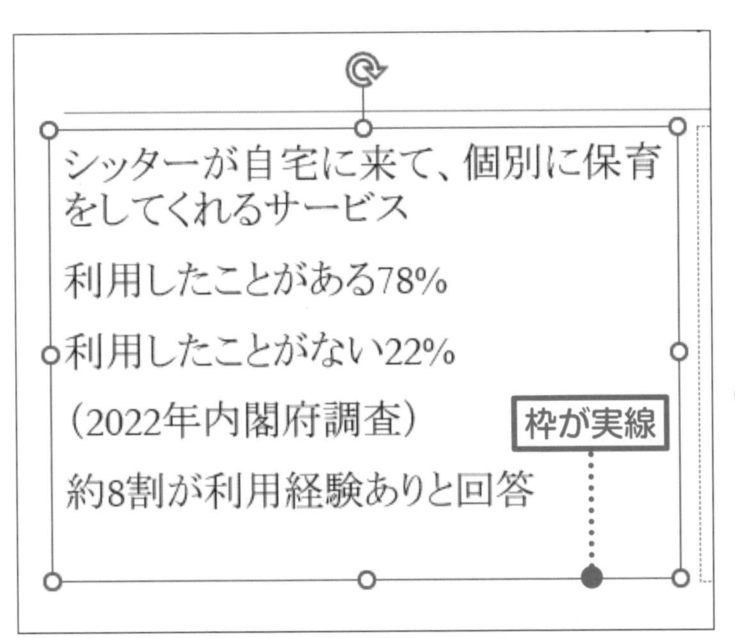

プレースホルダーの枠が実線になります。

これで、プレースホルダーが選択されました。

ポイント

枠が点線のときは、まだプレースホルダー全体が選択されていません。

4 文字の種類の一覧を表示します

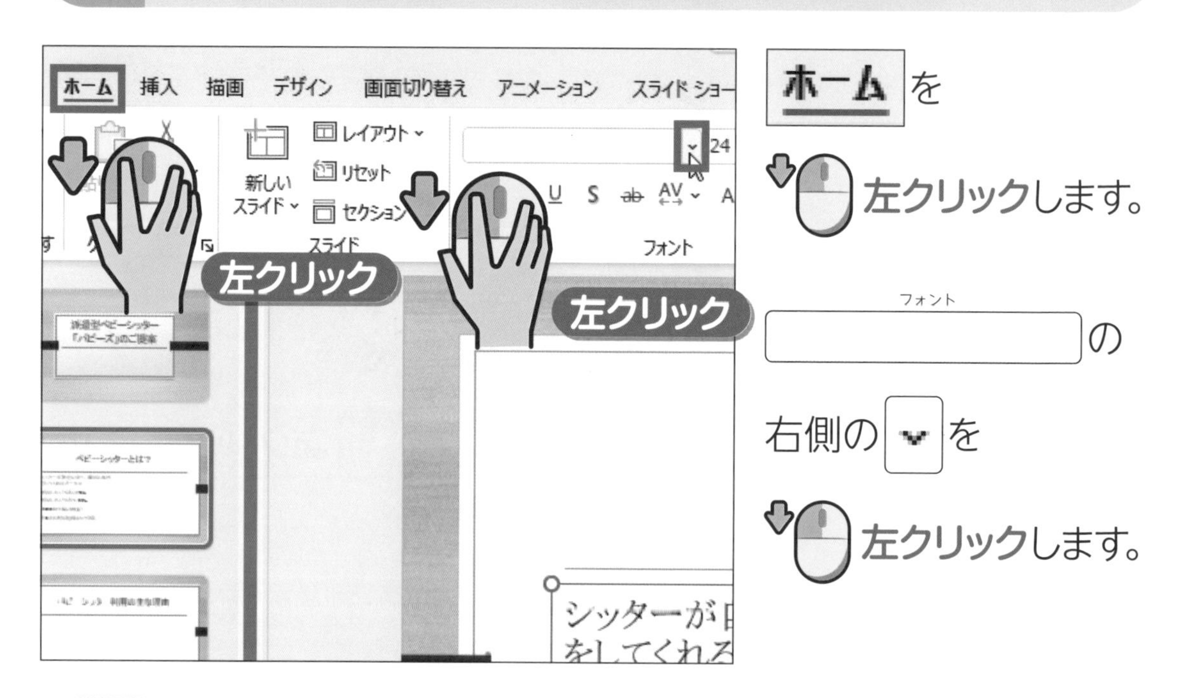

ホーム を

左クリックします。

フォント の

右側の ⌄ を

左クリックします。

5 文字の種類を選択します

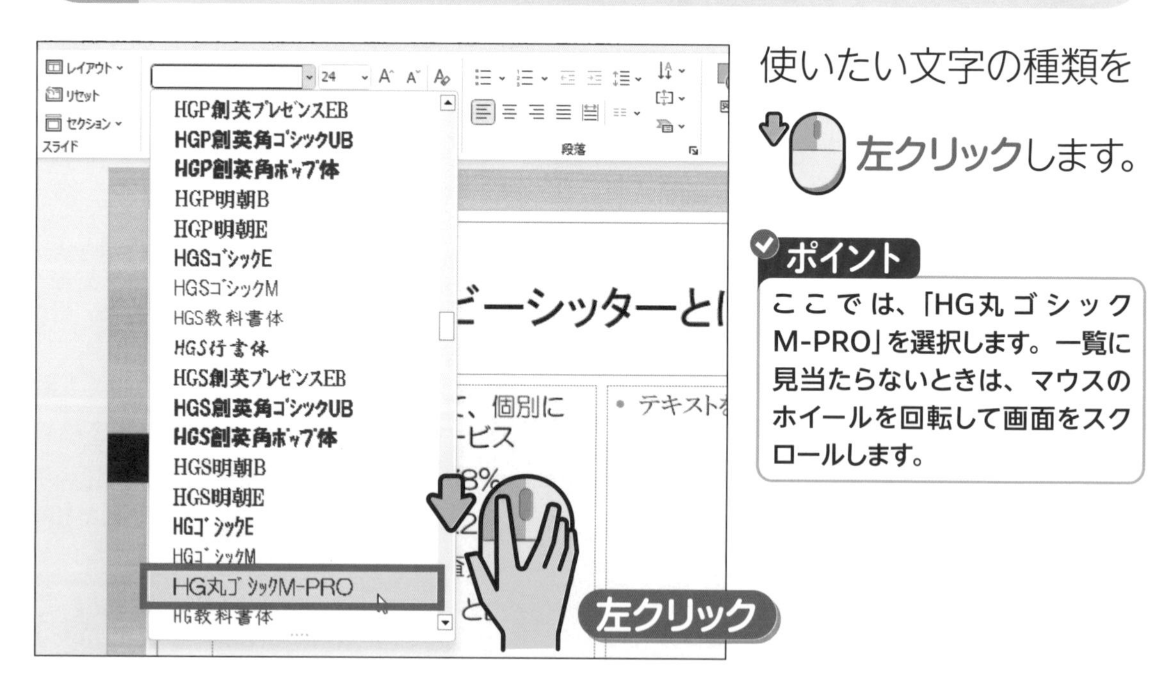

使いたい文字の種類を

左クリックします。

ポイント

ここでは、「HG丸ゴシックM-PRO」を選択します。一覧に見当たらないときは、マウスのホイールを回転して画面をスクロールします。

6 文字の種類が変更されました

プレースホルダー全体の文字の種類が変更されました。

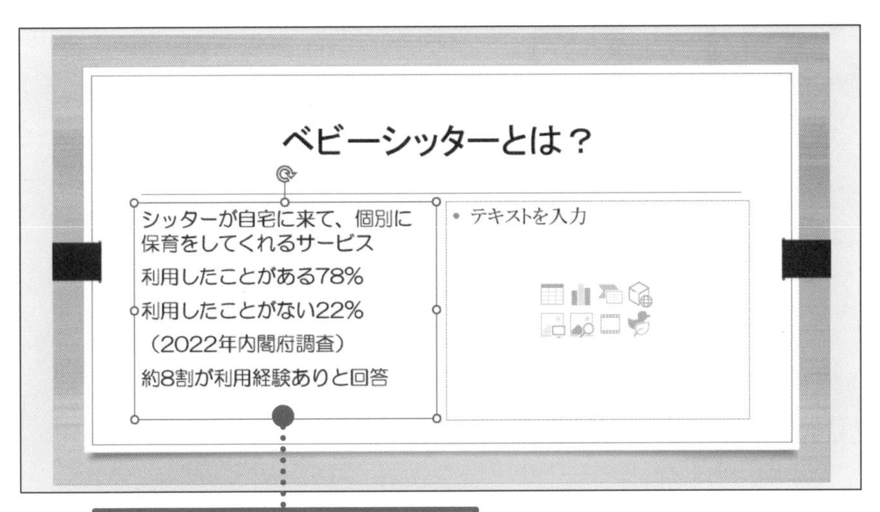

コラム

プレースホルダーを選択する手順

プレースホルダー全体を選択する手順は次の通りです。

❶ プレースホルダーの中で左クリックする

❷ 点線の枠の上で、もう一度左クリックする

❸ 枠が点線から実線に変わったことを確認する

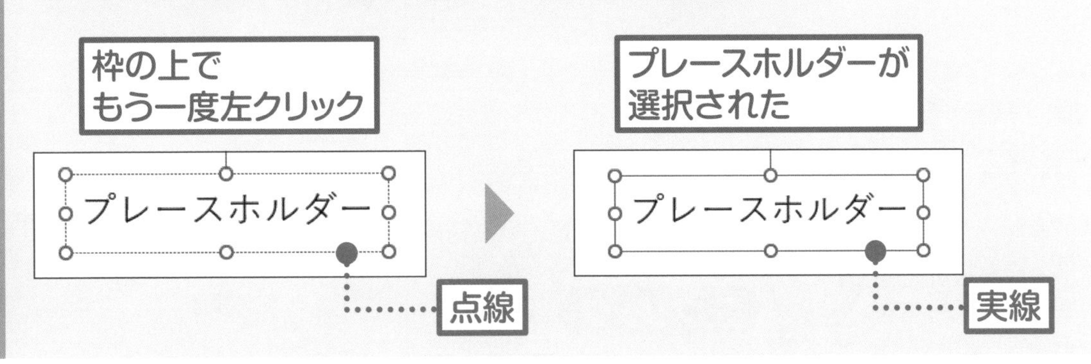

03 » 文字のサイズを変更しよう

入力したときの文字のサイズは、あとから自由に変更できます。
ここでは、プレースホルダーの一部の文字を小さくします。

操作

左クリック ▶P.013
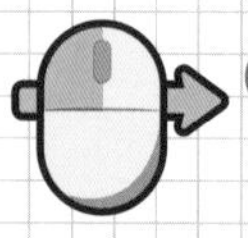
ドラッグ ▶P.015

1 文字のサイズを変更する準備をします

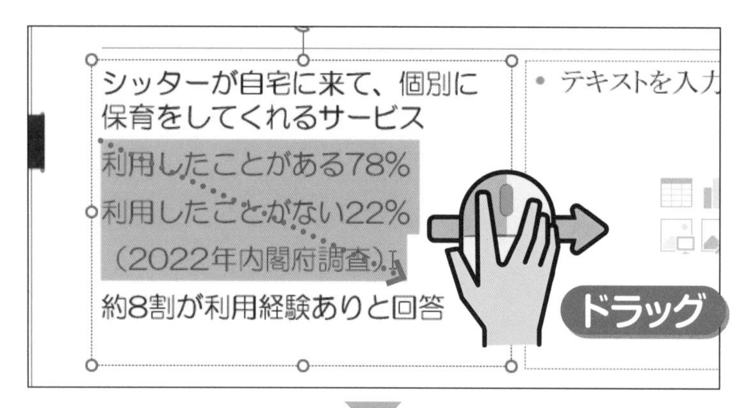

3行目の先頭から
5行目まで

ドラッグします。

ホーム を
左クリックします。

2 文字のサイズを変更します

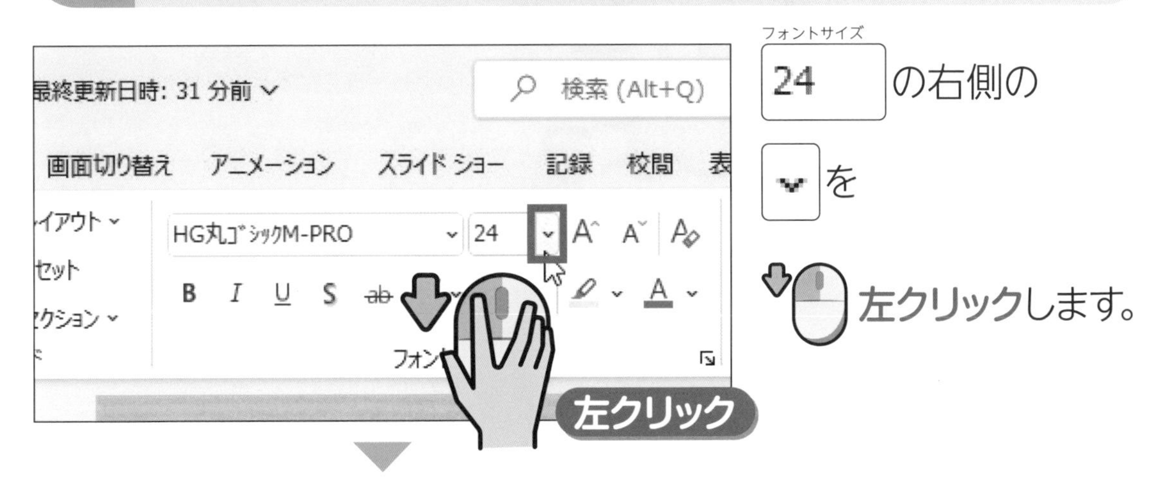

フォントサイズ 24 の右側の ⌄ を 左クリックします。

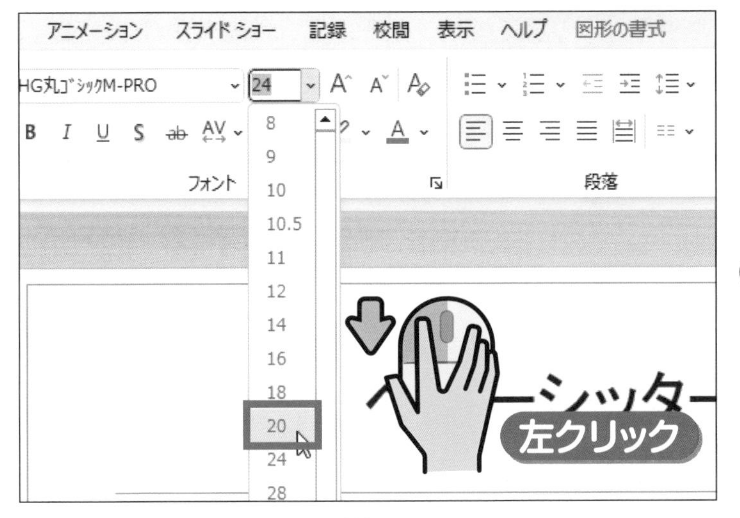

一覧から
変更したいサイズを
左クリックします。

ポイント
数字が大きいほど、文字も大きくなります。ここでは、「20」を選択します。

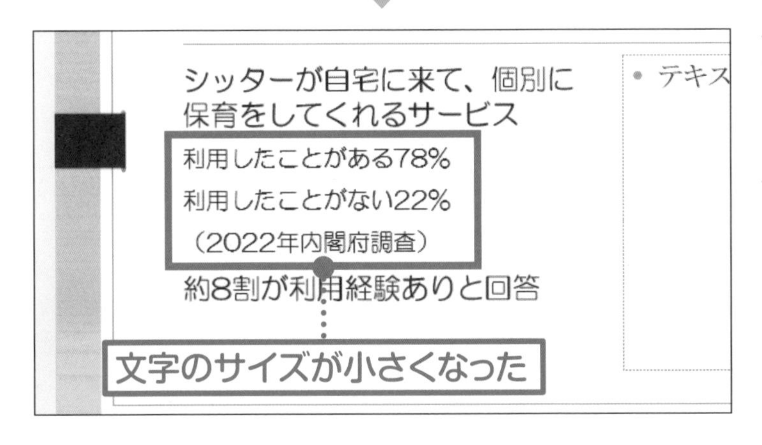

文字のサイズが
24から20になり、
小さくなりました。

04 » 文字の色を変更しよう

文字の色は、フォントの色の一覧から自由に変更できます。
ここでは、プレースホルダーの一部の文字を赤色に変更します。

操作

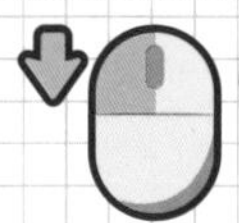
左クリック ▶P.013
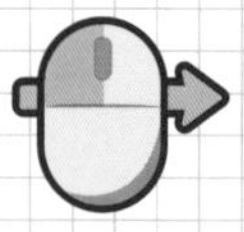
ドラッグ ▶P.015

1 文字の色を変える準備をします

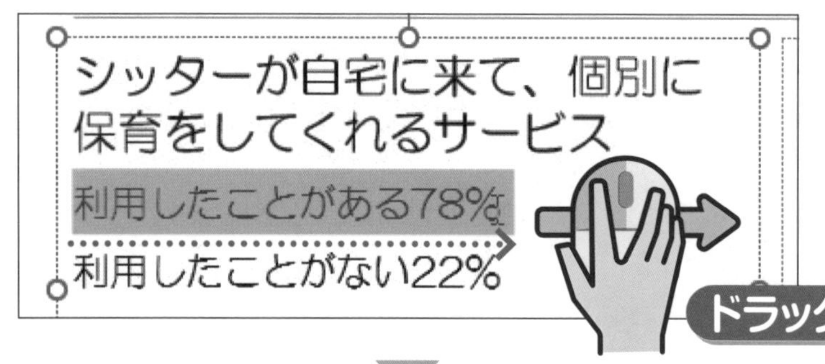

3行目の先頭から
3行目の末尾まで
ドラッグします。

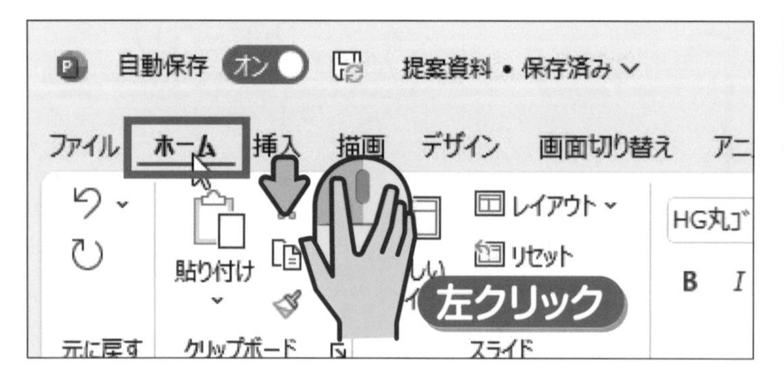

を
左クリックします。

2 文字の色を変更します

の右側の

を

左クリックします。

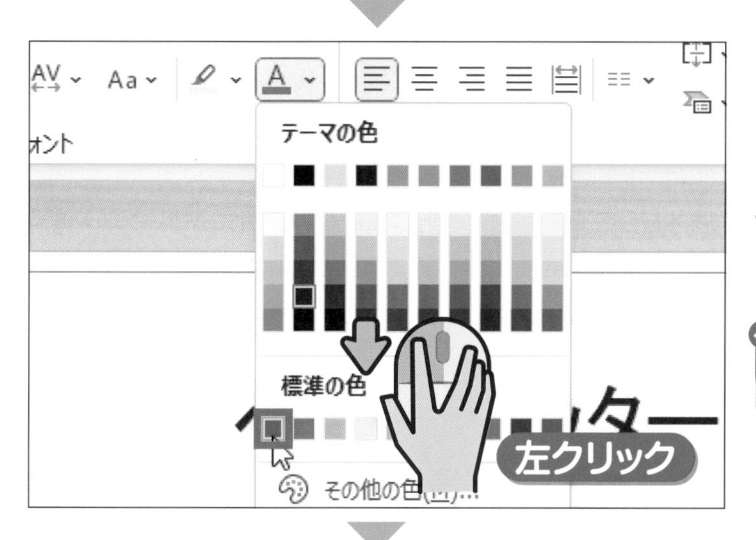

色が一覧表示されます。

変更したい色を

左クリックします。

ポイント

ここでは、「濃い赤」を選択します。

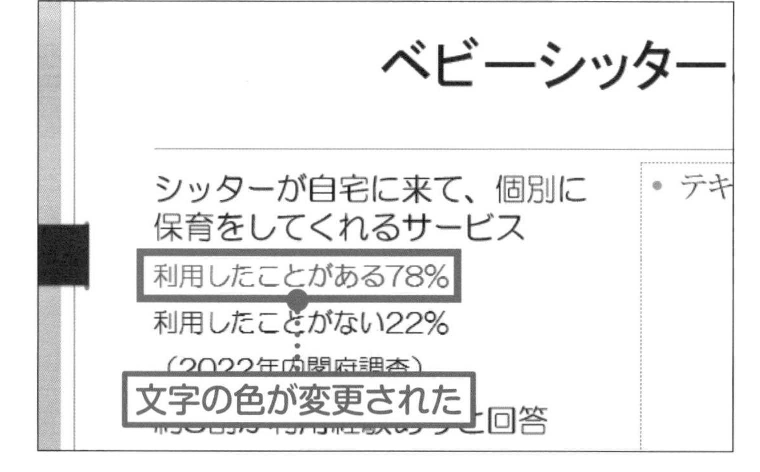

文字の色が「濃い赤」に変わりました。

05 » 文字を太字にしよう

スライドの文字を太字や斜体にすると、その文字を強調できます。
ここでは、プレースホルダーの一部の文字を太字にします。

操作

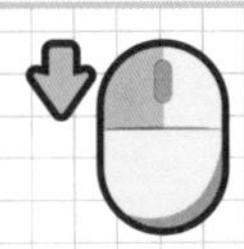

▶P.013

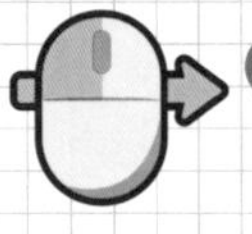

▶P.015

1 文字を太字にする準備をします

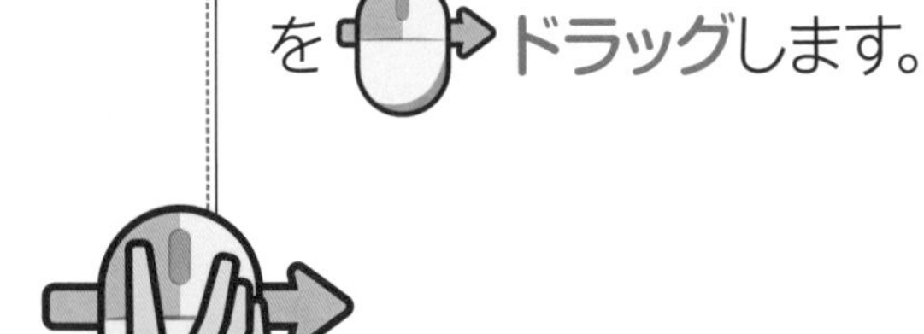

「約８割が利用経験あり」をドラッグします。

ホーム を

左クリックします。

2 文字を太字にします

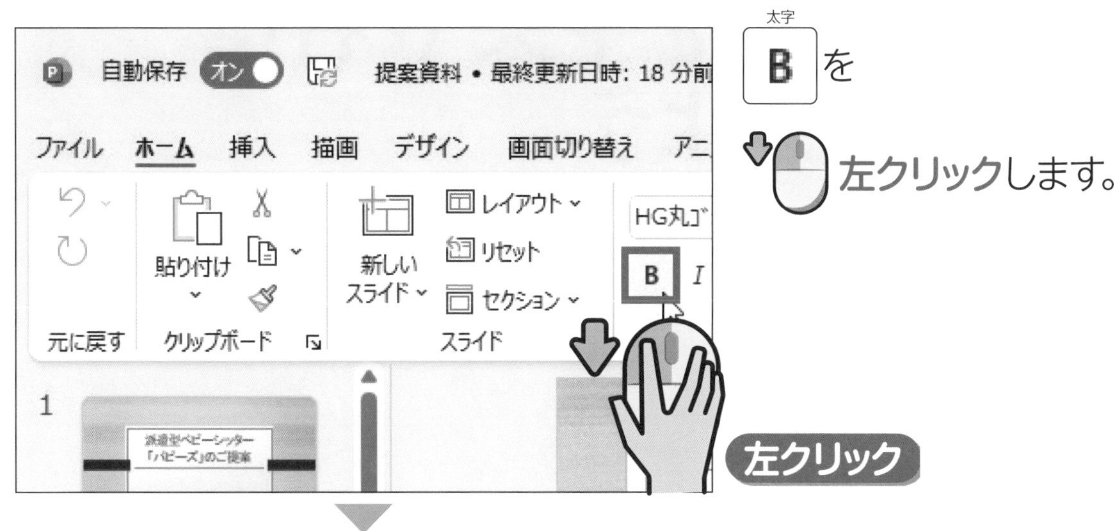

太字 B を

左クリックします。

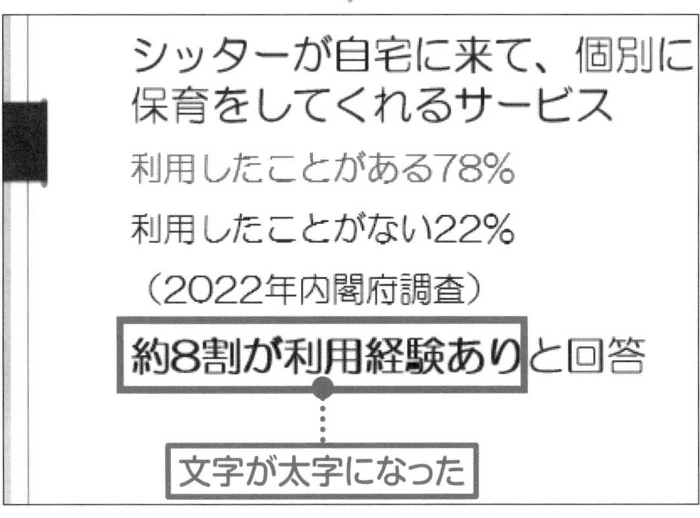

プレースホルダーの外を

左クリックします。

文字が太字になりました。

ポイント

同じ方法で、I を左クリックすると、文字が斜めになり、U を左クリックすると、文字に下線がつきます。

コラム 太字を解除するには

太字を元に戻すには、解除したい文字を選択します。

そのあと、もう一度 太字 B を左クリックします。

06 » 文字を中央や右に揃えよう

スライドの文字は、プレースホルダーの中で配置を変更できます。
ここでは、プレースホルダーの一部の段落を右揃えにします。

操作

1 対象となる段落を選択します

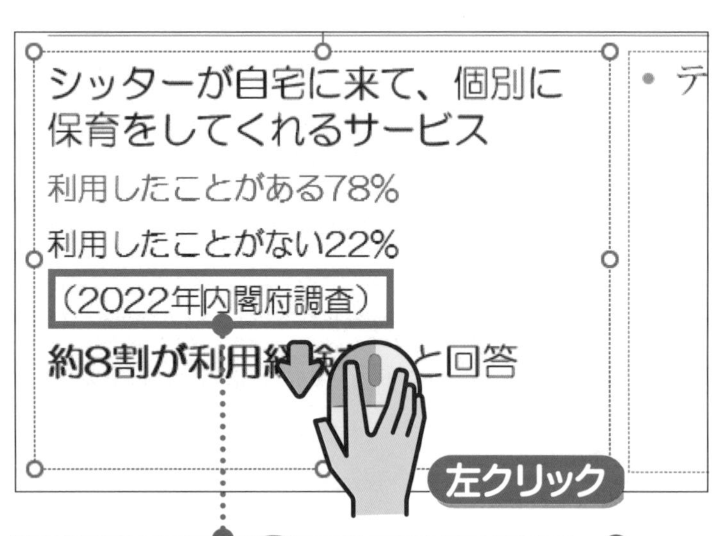

文字の配置を変更したい段落(ここでは(2022年内閣府調査))を

左クリックします。

段落内に 文字カーソル | が表示されます。

ポイント

段落内のどこにカーソルがあってもかまいません。なお、複数の段落を選択する方法は、88ページを参照してください。

2 文字を右に揃えます

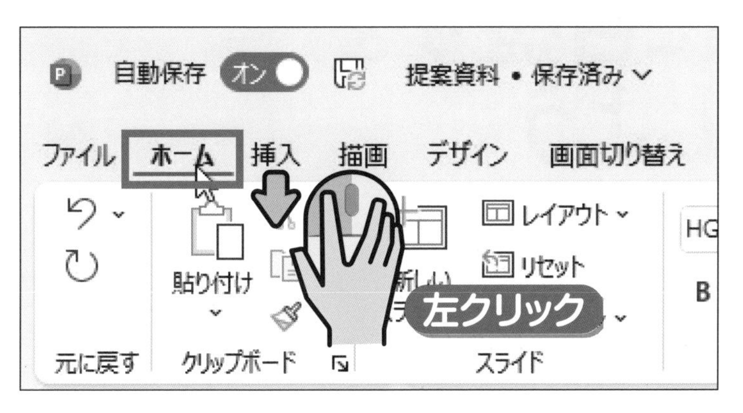

ホーム を

左クリックします。

右揃え を

左クリックします。

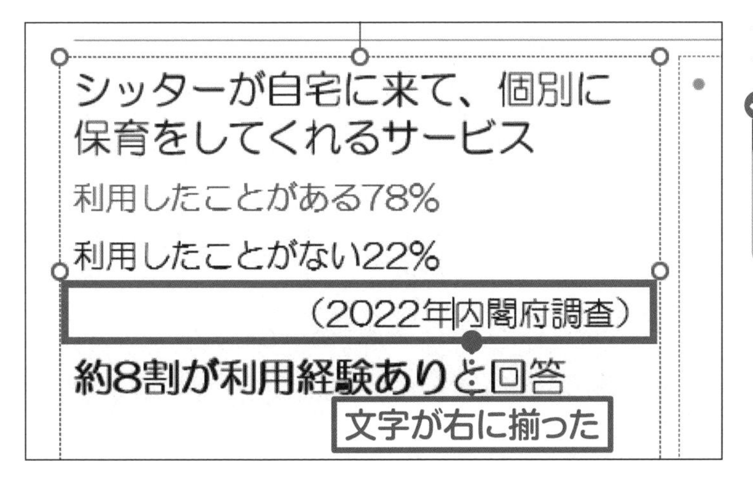

文字が右に揃いました。

ポイント

右揃えを元に戻すには、対象となる段落内を左クリックしてから、を左クリックします。

07 » 画面に目盛りを表示しよう

文字の位置を数値で指定するには、ルーラーという目盛りが便利です。
ここでは、ルーラーを画面に表示する方法を覚えましょう。

操作

1 ルーラーを表示します

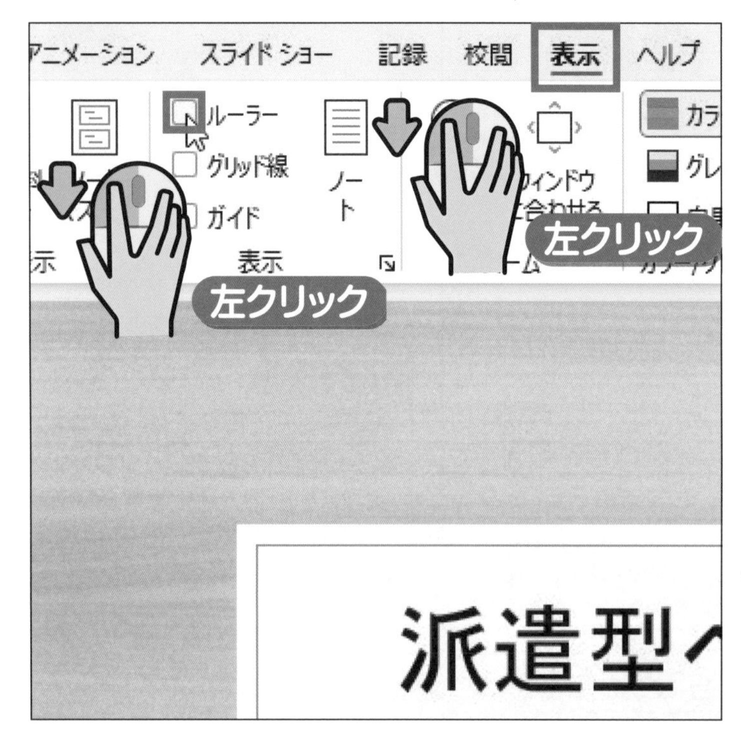

表示 を

左クリックします。

ルーラー の左側の

□を

左クリックします。

左クリックすると、□は☑に変わります。

2 ルーラーが表示されました

画面の上と左にルーラーが表示されました。
ルーラーに表示された目盛りを見れば、
文字の位置をcm単位で確認できます。

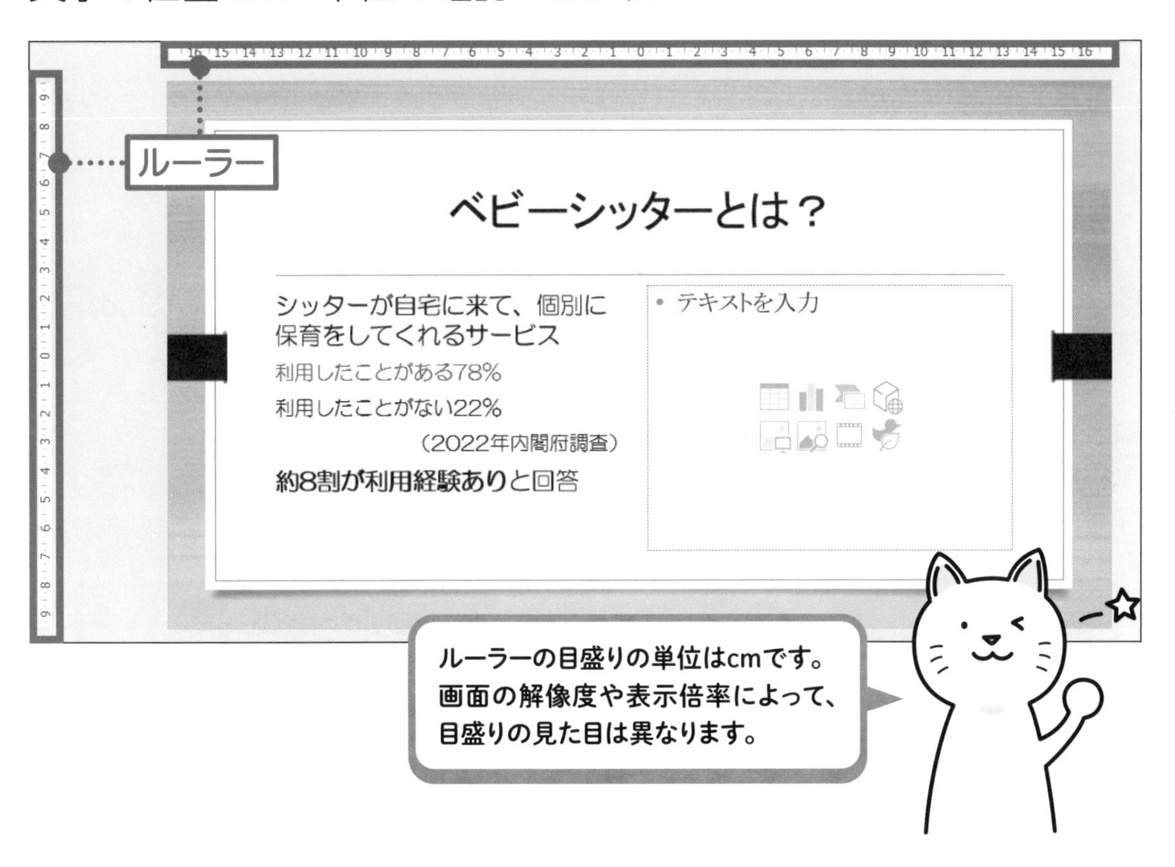

コラム

ルーラーを画面から消すには

ルーラーが表示されない状態に画面を戻すには、
「表示」タブの ルーラー の左側の☑を再度**左クリック**して、
□にします。

08 » 行の先頭を右へ動かそう

インデントという機能を使って、行の先頭をcm単位で移動できます。
ここでは、3行目と4行目の先頭を2.5cm右に移動します。

1 インデントを設定する準備をします

56ページの方法で、スライド2を選択します。

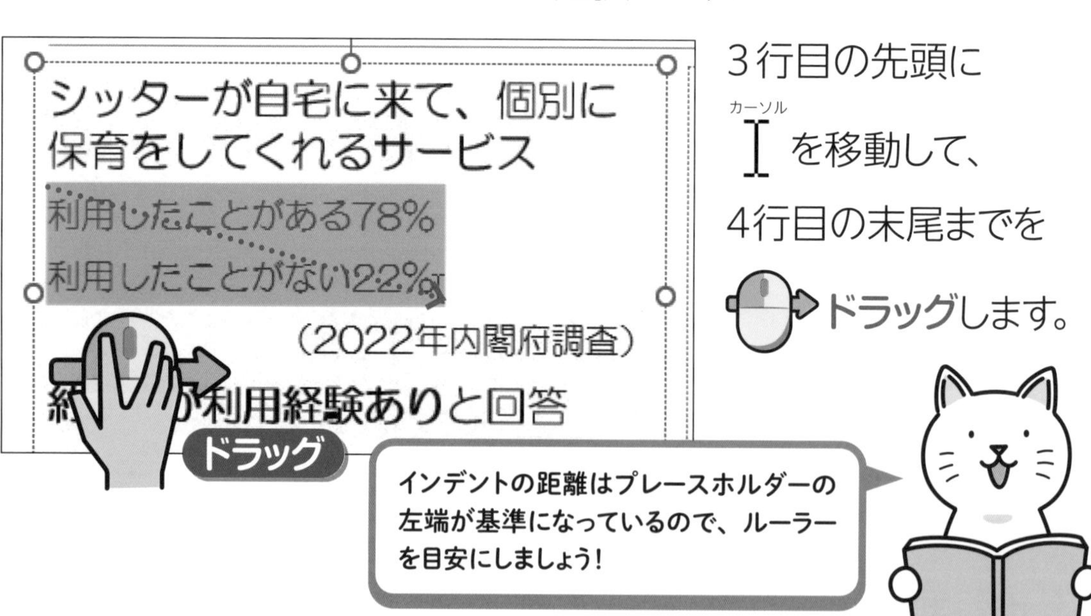

3行目の先頭にカーソルを移動して、4行目の末尾までをドラッグします。

2 インデントを設定する画面を表示します

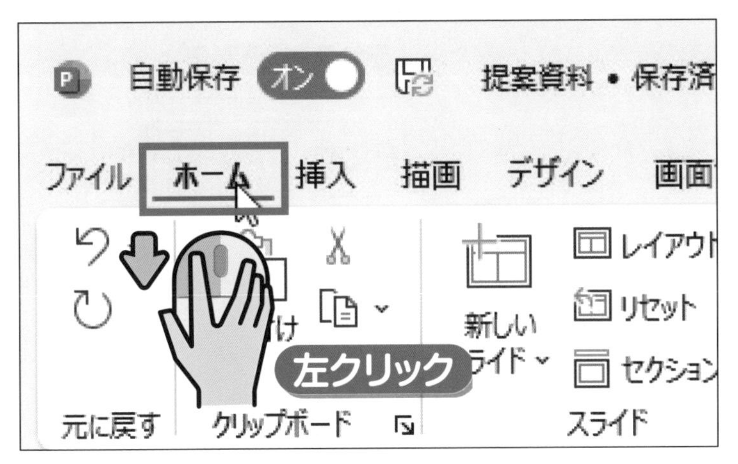

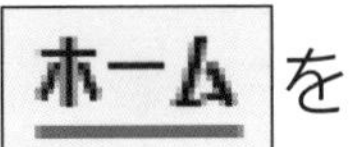

を

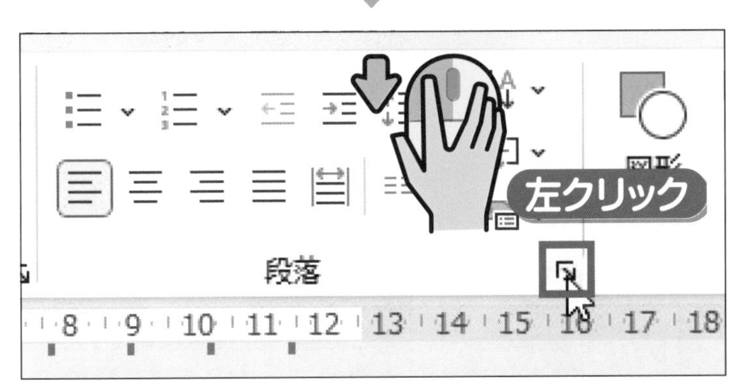

「段落」の 段落 を

段落 ? ×
インデントと行間隔(I) 体裁(H)
全般
配置(G): 左揃え
インデント
テキストの前(R): 0 cm 最初の行(S): (なし) 幅(Y):
間隔
段落前(B): 4.8 pt 行間(N): 1行 間隔(A) 0
段落後(E): 6 pt
タブとリーダー(T)... OK キャンセル

「段落」の画面が
表示されました。

ポイント

「段落」の画面は、インデントを設定する画面です。

3 インデントを設定します

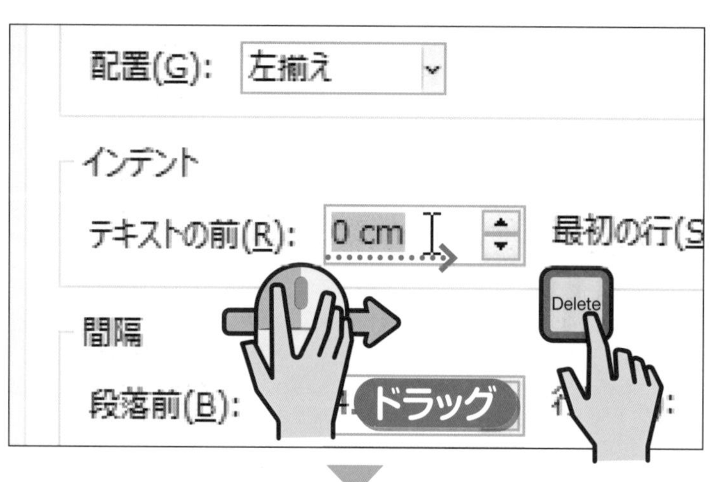

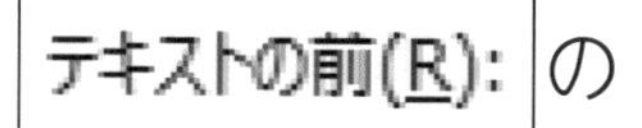

の

0 cm を

ドラッグし、

デリート
Delete キーを押します。

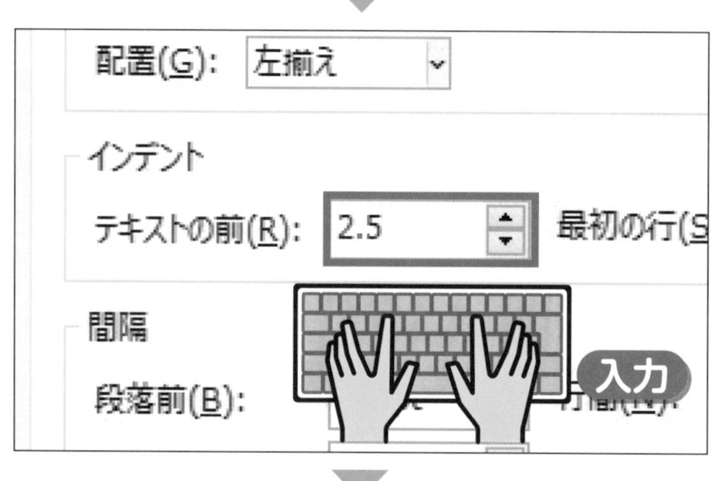

右へ移動させたい
距離を

入力します。

ポイント

ここでは、2.5cmなので「2.5」と半角で入力します。単位の「cm」は入力不要です。

インデントと行間隔(I) 体裁(H)
全般
配置(G): 左揃え
インデント
テキストの前(R): 2.5 cm 最初の行(S): (なし) 幅(Y):
間隔
段落前(B): 4.8 pt 行間(N): 1行 間隔(A)
段落後(E): 6 pt
タブとリーダー(T)... OK キャ
左クリック

OK を

左クリックします。

4 段落の先頭が2.5cm右に移動しました

選択している段落にインデントが設定されました。
ルーラーで確認すると、3行目と4行目の先頭が、
右に2.5cm移動しています。

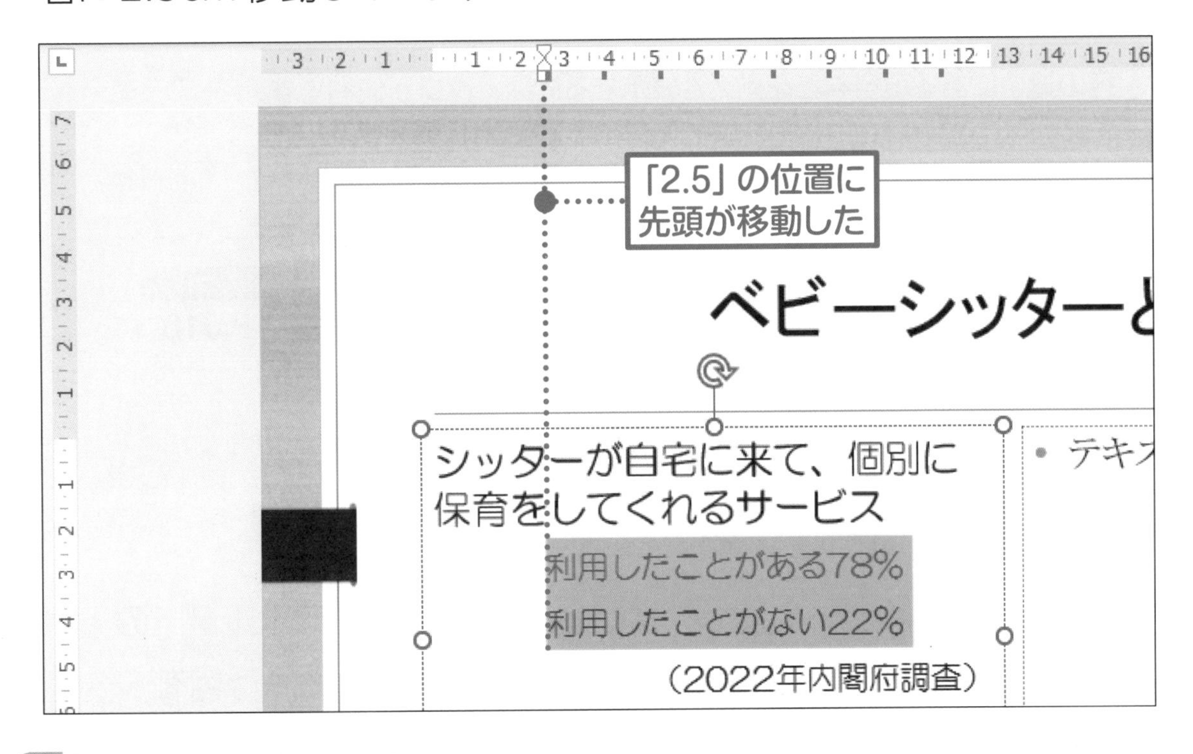

コラム

インデントを解除するには

設定したインデントを解除するには、88ページの方法で段落を選択して「段落」の画面を表示します。

次に、90ページの方法で テキストの前(R): の右側に「0」と入力して、 OK を**左クリック**します。

09 » 行の途中で文字の位置を揃えよう

行の途中にある項目などを揃えて表示するには、タブが便利です。
インデントを設定した段落の数字を10cmの位置に揃えます。

1 タブを設定する準備をします

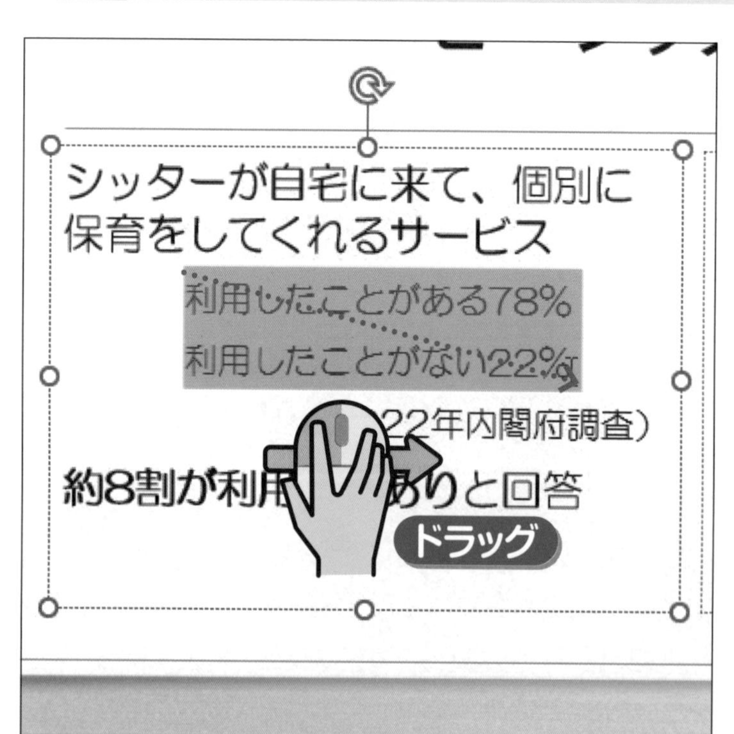

左下の
プレースホルダーの
3行目と4行目を

ドラッグして

選択します。

2 タブを設定する画面を表示します

89ページの方法で「段落」の画面を表示します。

を左クリックします。

3 文字を揃える位置を指定します

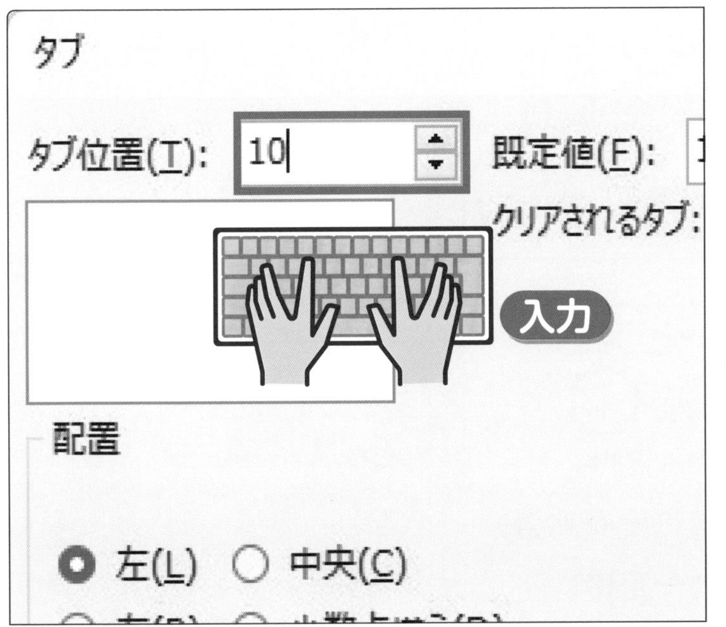

タブ位置(T): の右側に文字の左端を揃える位置を

入力します。

ポイント

ここでは「78%」と「22%」の左端を10㎝の位置に揃えるため、「10」と半角で入力します。

4 文字を移動します

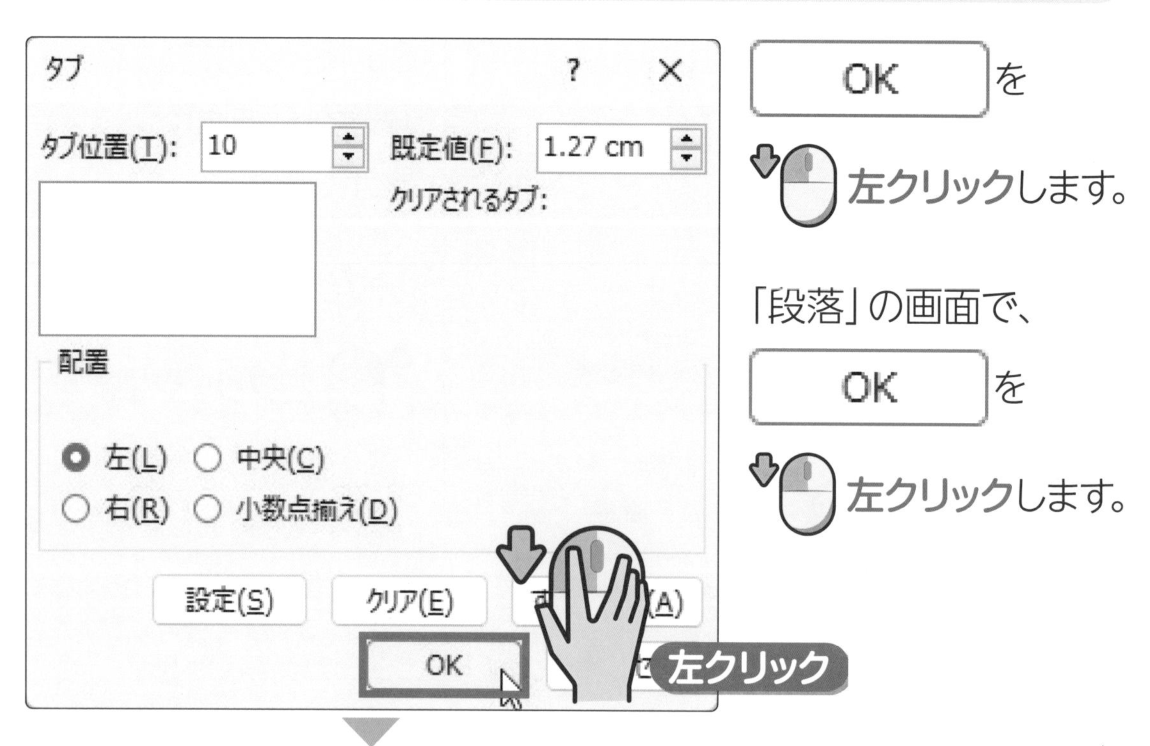

OK を

左クリックします。

「段落」の画面で、

OK を

左クリックします。

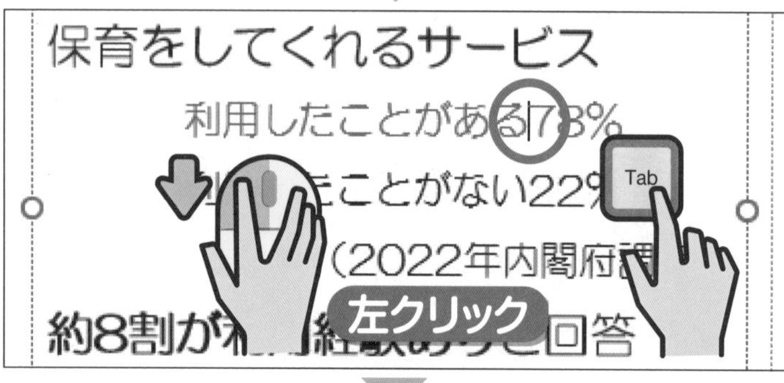

「78%」の左側で

左クリックします。

Tab（タブ）キーを押します。

保育をしてくれるサービス
利用したことがある　78%
利用したことがない22%
（2022年内閣府調査）
約8割が利用経験ありと回答

「78%」の左端が10cmの位置に移動します。

5 次の行の文字も移動します

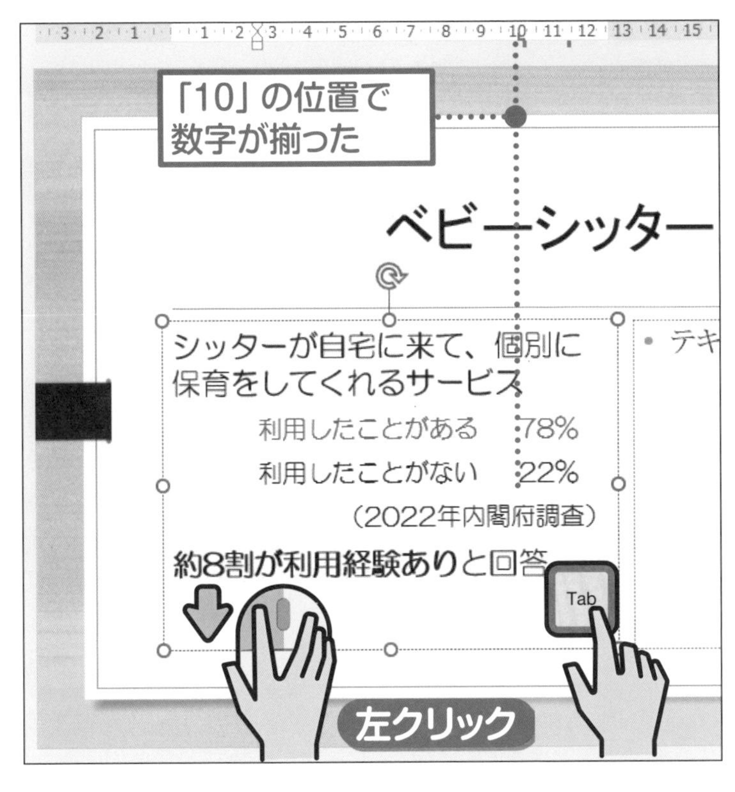

下の行の「22%」の左側で

左クリックして、

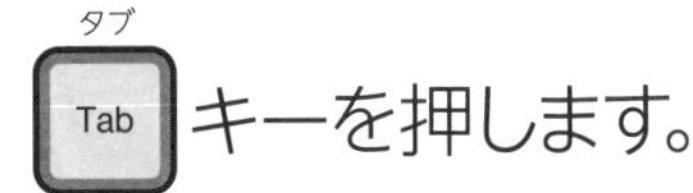

タブ Tab キーを押します。

これで2つの行の数字の位置が揃います。

ポイント

87ページのコラムの方法で、ルーラーを消しておきます。
また、68ページの方法で上書き保存し、パワーポイントを終了します。

コラム

タブを削除するには

不要なタブを削除する方法は次のとおりです。

❶ **段落を選択して93ページの方法で「タブ」の画面を開く**

❷ **すべてクリア(A) を左クリックし、94ページの方法で画面を順番に閉じる**

❸ **タブ Tab キーを押した位置で左クリックし、バックスペース Back Space キーを押す**

練習問題

1 **文章を修飾する機能は、「文字書式」と「段落書式」の2種類に分かれます。「文字書式」に分類される機能はどれですか?**

❶ タブ
❷ 太字
❸ 右揃え

2 **文字の大きさを変更するときに使うボタンはどれですか?**

3 **インデントの説明として、正しいものはどれですか?**

❶ 文字の前に空きを作って、先頭の位置を右に動かす
❷ 行の途中に空きを作って、続く文字の位置を変更する
❸ 文章全体をプレースホルダーの左右中央に配置する

第4章

4 表を作成しよう

この章で学ぶこと

- 表を作成できますか?
- 行や列を追加できますか?
- 表のサイズを変更できますか?
- 行の高さや列の幅を変更できますか?
- 表内の文字の配置を変更できますか?

01 » この章でやること ～表の作成

この章では、表を作る方法を学びましょう。
たくさんの項目を説明する場合、表にすると簡潔に表せます。

表の各部の名称

表の構造を表す言葉には、行、列、セルがあります。
以下の表を見て、用語を覚えておきましょう。

項目	料金
基本料金	1時間あたり2500円（割引あり）
延長料金	30分ごとに1500円
スタッフ指名料金	500円
早朝・深夜割増料金	25%割増

行
セル
列

スライドでは、表はできるだけ大きく作りましょう。
文字も少ないほうが、見やすくなります。

表を作成する手順

表は次のような流れで作成します。

❶ 表の枠を挿入する

❷ 文字を入力する

項目	料金
基本料金	1時間あたり2500円(割引あり)
延長料金	30分ごとに1500円
スタッフ指名料金	500円
早朝・深夜割増料金	25%割増

❸ 見た目を整える

項目	料金
基本料金	1時間あたり2500円(割引あり)
延長料金	30分ごとに1500円
スタッフ指名料金	500円
早朝・深夜割増料金	25%割増

02 » 表を作成しよう

表を作成するには、最初に、列の数と行の数を設定して表の枠を挿入します。
ここでは、3列×4行の表を作成します。

1 表を作成する準備をします

38ページの方法で「提案資料」を開き、
56ページの方法で、スライド6を選択しておきます。

下のプレースホルダーの

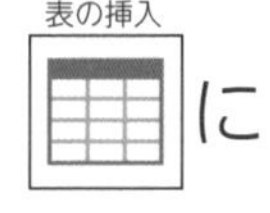

に

カーソル を移動して、

2 表を作成します

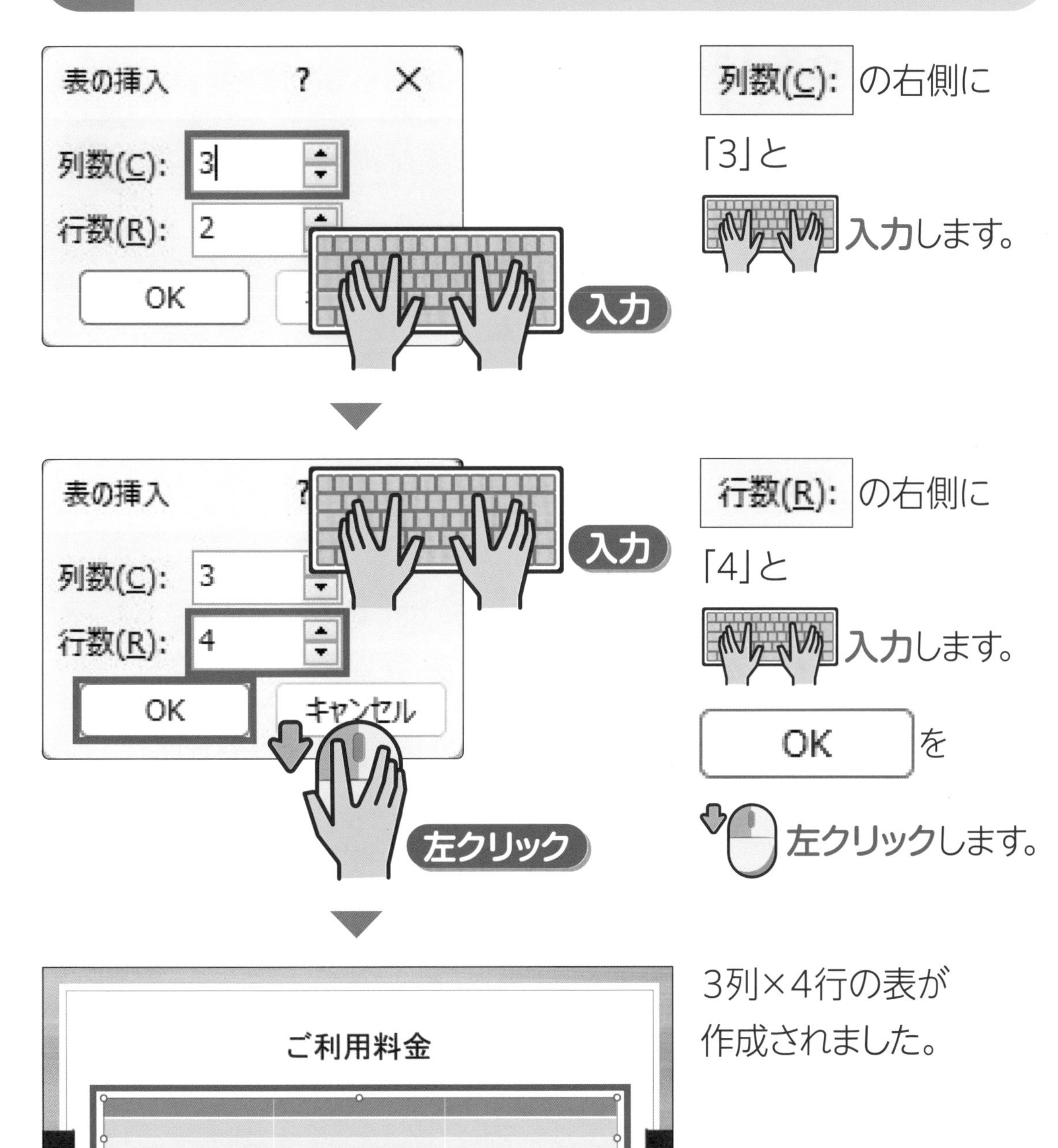

列数(C): の右側に

「3」と

入力します。

行数(R): の右側に

「4」と

入力します。

OK を

左クリックします。

3列×4行の表が
作成されました。

03 » 表に文字を入力しよう

表の枠が表示されたら、次は文字を入力します。
ここでは、表のセルに文字を入力する方法を覚えましょう。

操作

1 表に文字を入力する準備をします

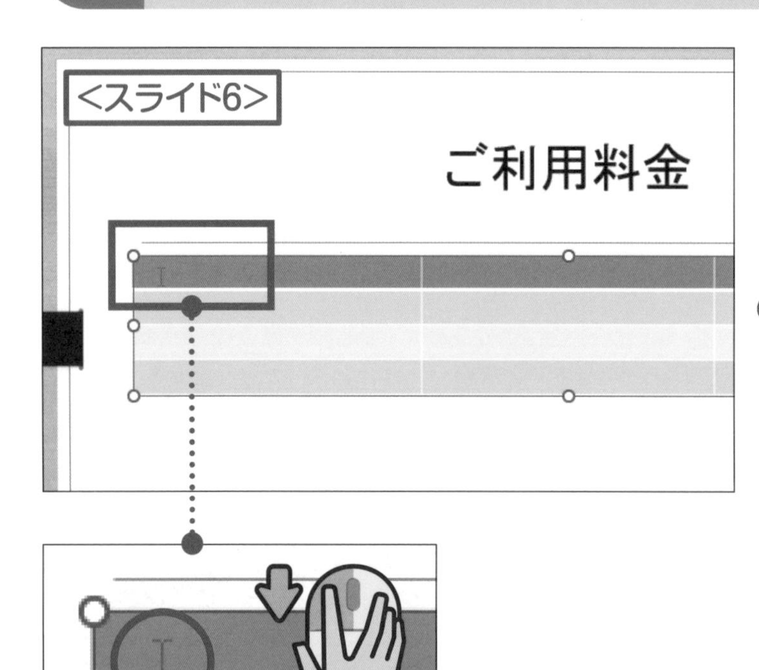

文字を入力したいセル（表の左上のセル）を

左クリックします。

ポイント

入力モードアイコンが A の場合、半角/全角キーを押して、あ に切り替えます。

2 最初のセルに文字を入力します

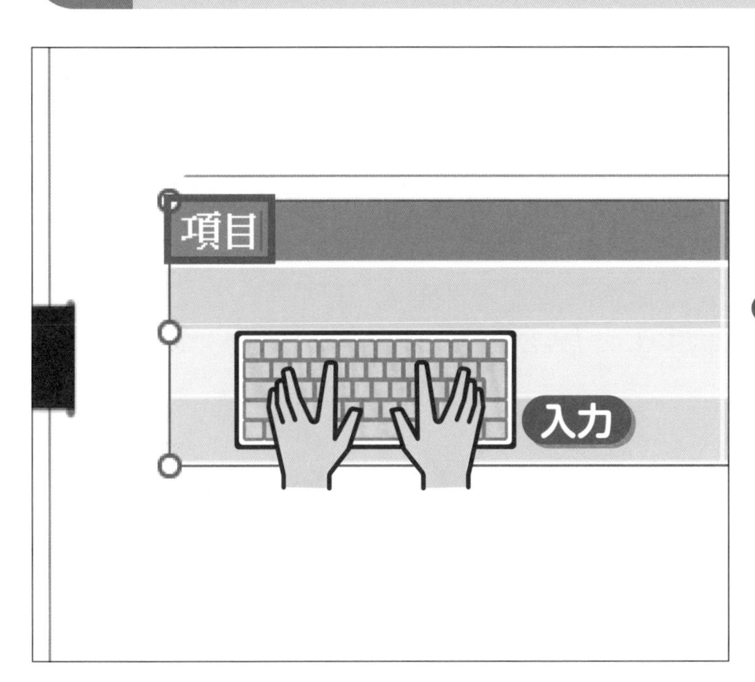

47ページの方法で「項目」と

入力します。

ポイント

変換終了後にうっかり Enter キーを押すと、行が下に広がってしまいます。この場合、Back space キーを押せば、左の図の状態に戻せます。

3 残りのセルに文字を入力します

下の図を参考に、ほかのセルにも文字を入力します。

項目	料金	備考
基本料金	1時間あたり2500円（割引あり）	
スタッフ指名料金	500円	
早朝・深夜割増料金	25%割増	

入力

ポイント

- 数字は半角で入力します。
- 「・」は Shift キーを押しながら め キーを押して入力します。

04 » 行や列を追加しよう

表の行や列が足りなくなったら、あとから追加できます。
ここでは、2行目の下に行を追加して、「延長料金」の欄を作りましょう。

操作

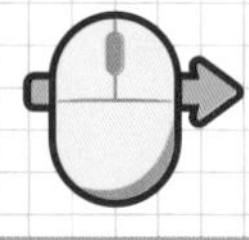

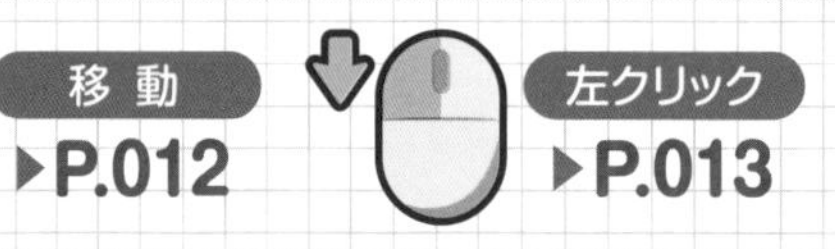

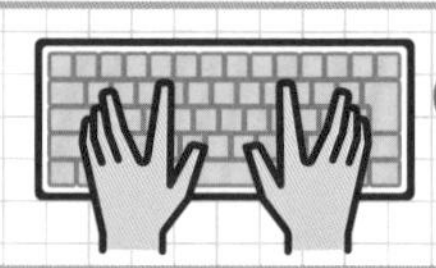

1 下に行を追加したい行を左クリックします

下に行を追加したい行(ここでは2行目)のいずれかのセルに I (カーソル)を移動して、左クリックします。

2行目(「基本料金」で始まる行)のセルならどこでもかまいません。行は2行目の下に追加されます。

2 行を追加する準備をします

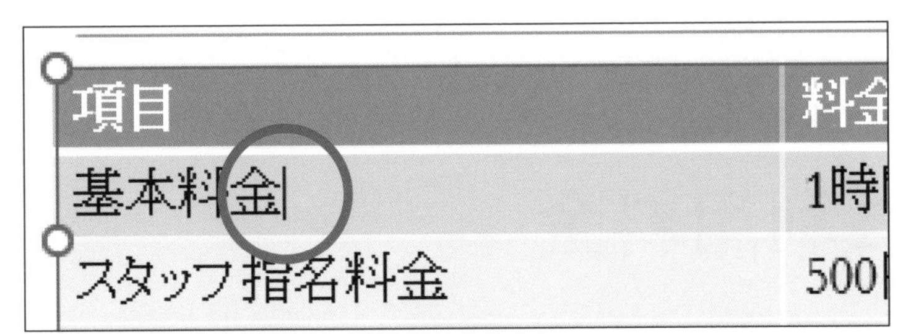

2行目のセルに文字カーソルが表示されます。

を

左クリックします。

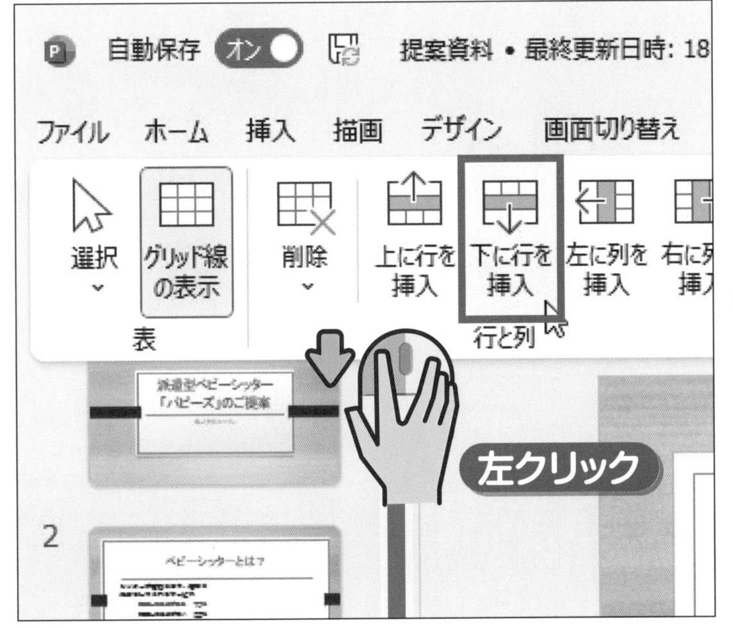

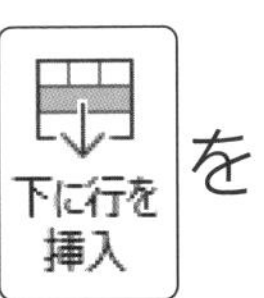を

左クリックします。

ポイント

選択した行の上に新しい行を追加するには、上に行を挿入を左クリックします。

3 行が追加されました

2行目の下に、新しい行が追加されました。

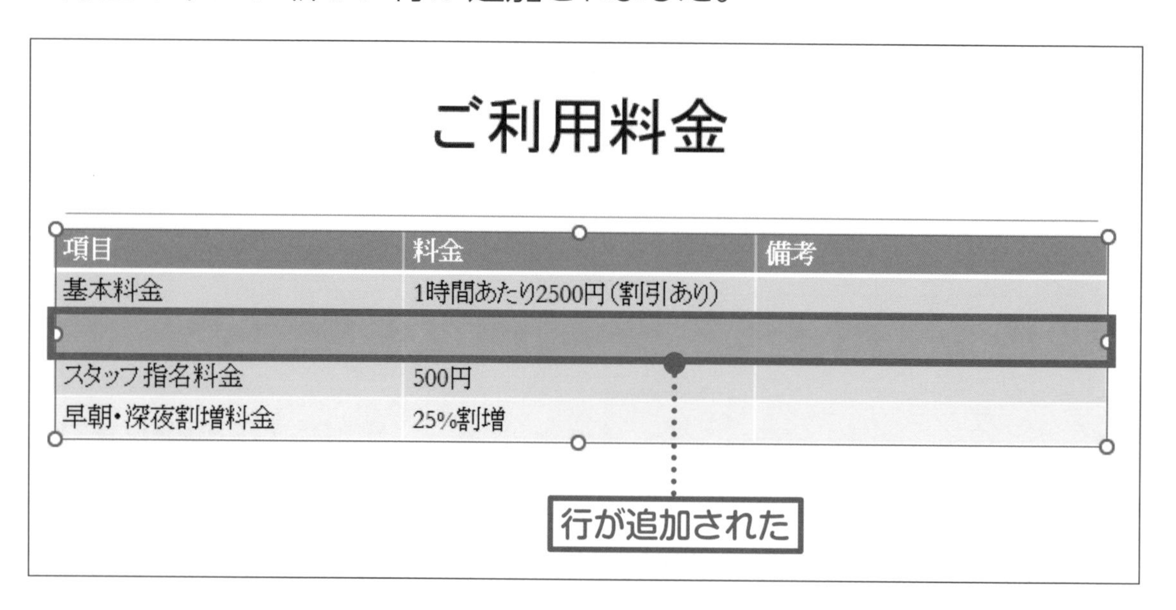

4 追加した行に文字を入力します

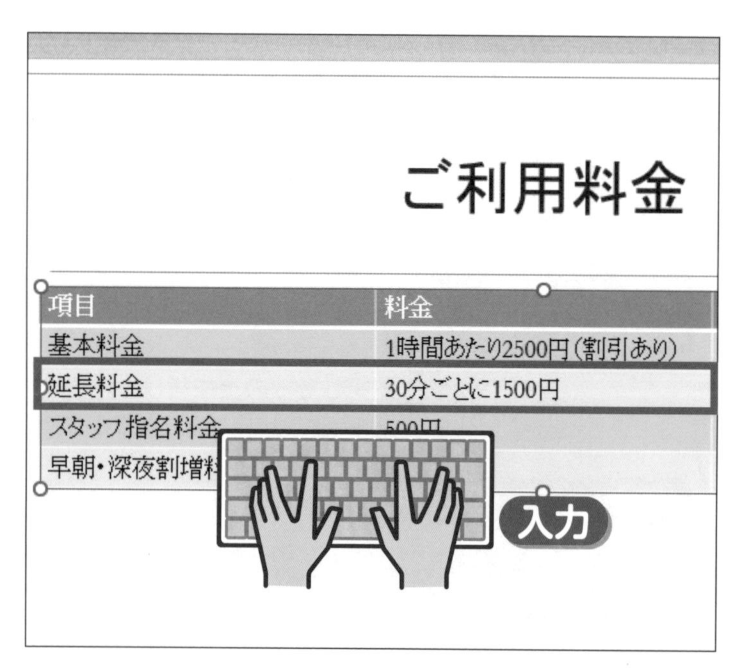

左の図を参考に、セルに文字を入力します。

コラム

列を追加するには

表に列を挿入する方法は、次のとおりです。

ここでは、2列目の右に列を追加する例で説明します。

❶ 追加したい位置に隣接する列（この例では2列目）のセルを左クリックする

❷ レイアウト を左クリックする

❸ ❶で選択した列の右に追加するには  **右に列を挿入**

左に追加するには 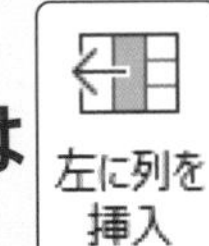 **左に列を挿入 を左クリックする**

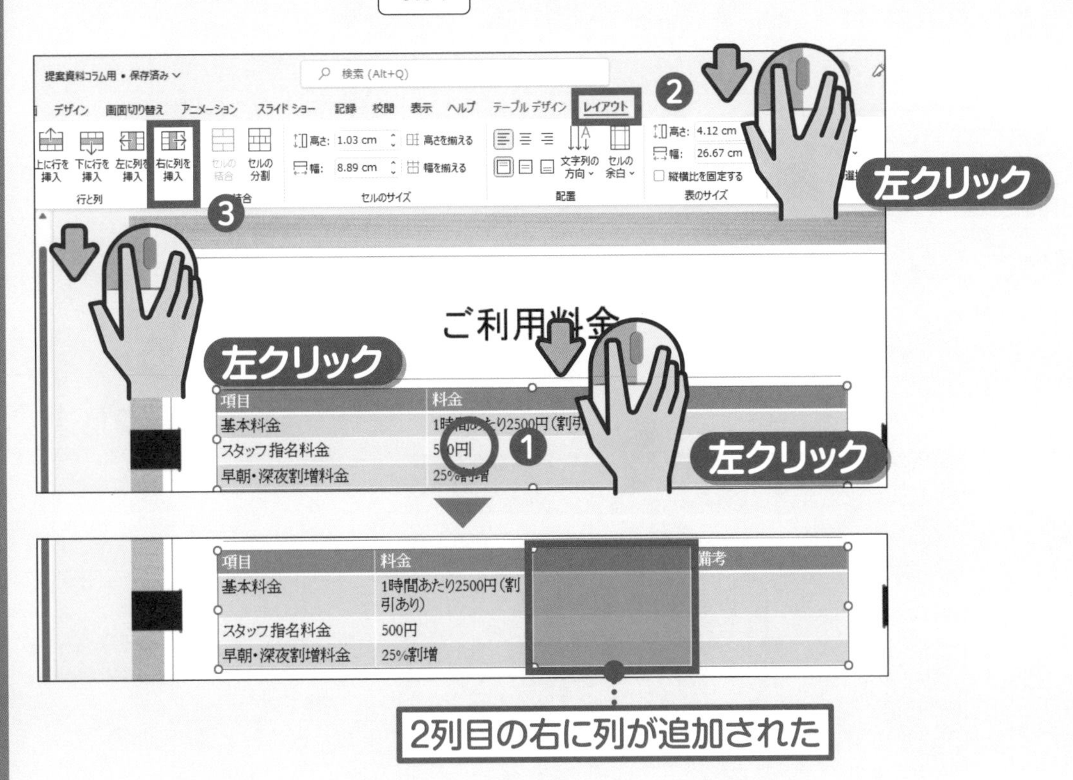

05 » 行や列を削除しよう

不要になった行や列は、いつでも削除できます。
ここでは、3列目にある「備考」の列を削除しましょう。

操作

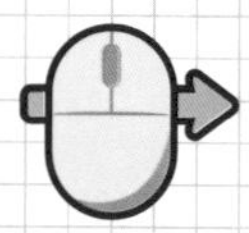

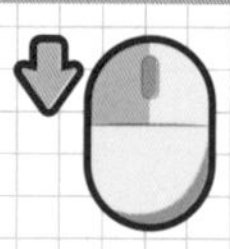

1 列を削除する準備をします

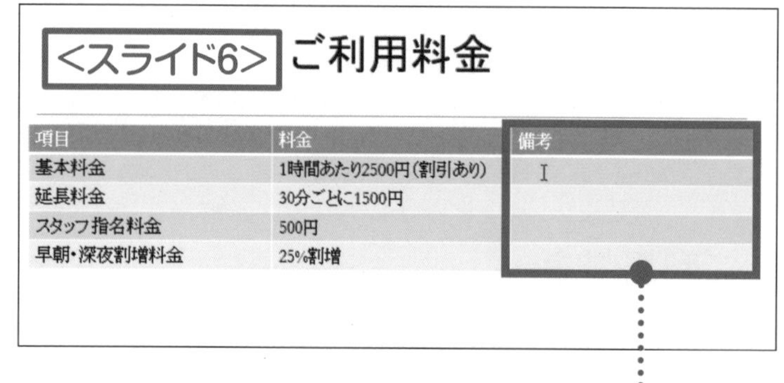

削除したい列（ここでは3列目）のいずれかのセルに I（カーソル）を移動して、

左クリックします。

2 列を削除します

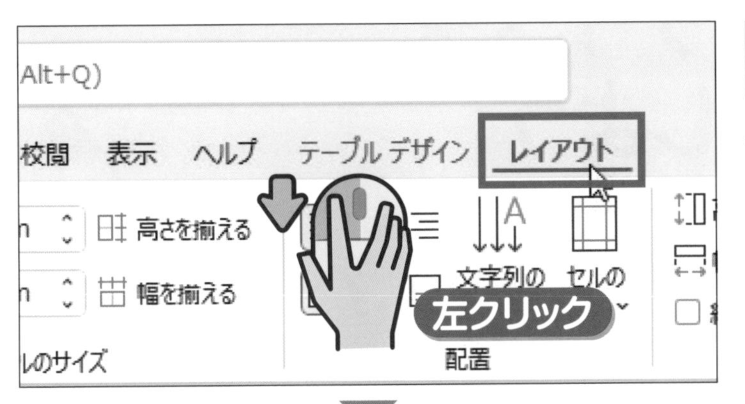

を

左クリックします。

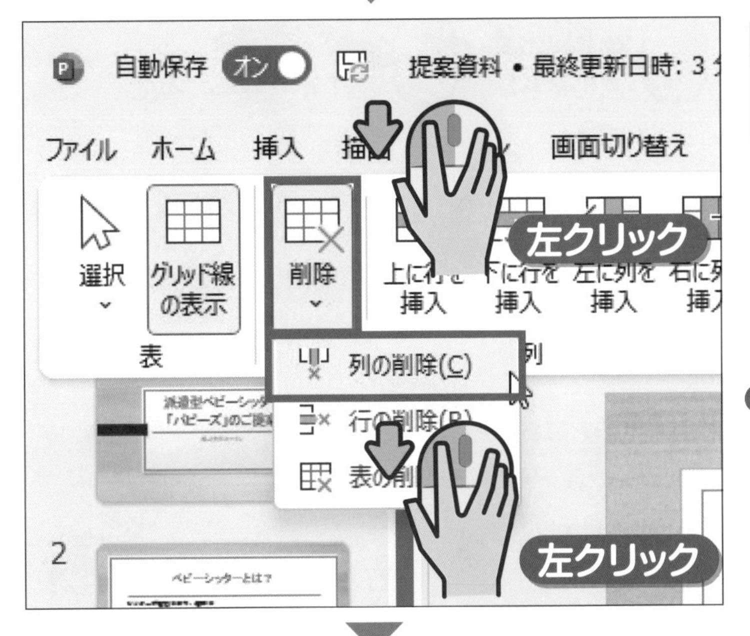

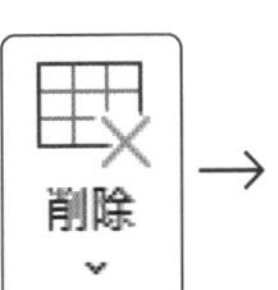

→

の順に

左クリックします。

ポイント

文字カーソルがある行を削除するには、行の削除(R) を左クリックし、表全体を削除するには、表の削除(T) を左クリックします。

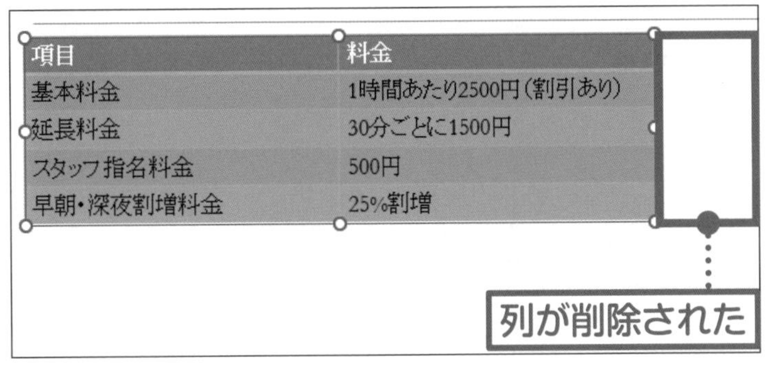

項目	料金
基本料金	1時間あたり2500円(割引あり)
延長料金	30分ごとに1500円
スタッフ指名料金	500円
早朝・深夜割増料金	25%割増

3列目が削除されました。

06 » 表のサイズを変更しよう

表をスライドに合わせて拡大すると、見やすくなります。
ここでは、表のサイズを大きくしてみましょう。

1 表を左クリックします

サイズを変更したい表の中で 左クリックします。

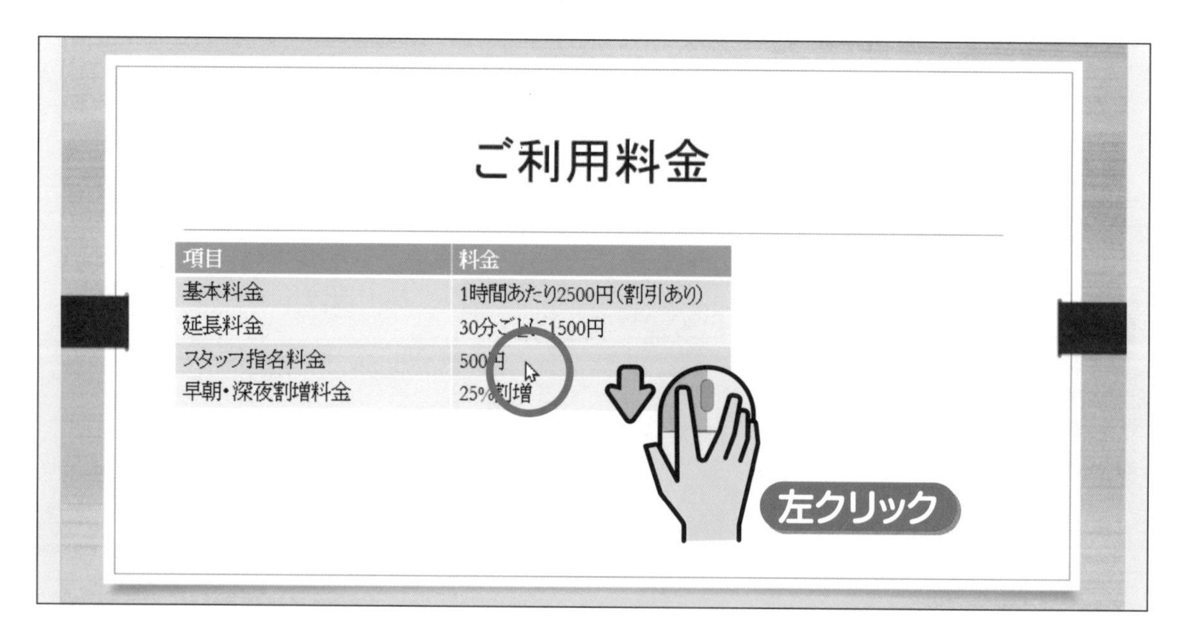

2 表のサイズを大きくします

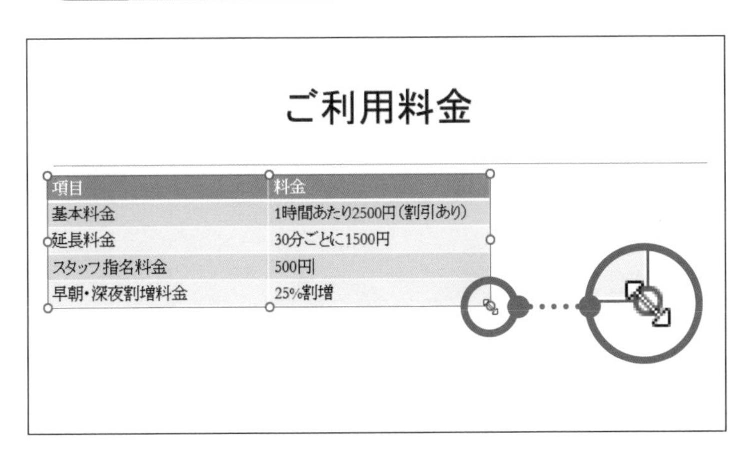

表の周囲にが表示されます。

右下角の○に

カーソル
を移動すると、

に変わります。

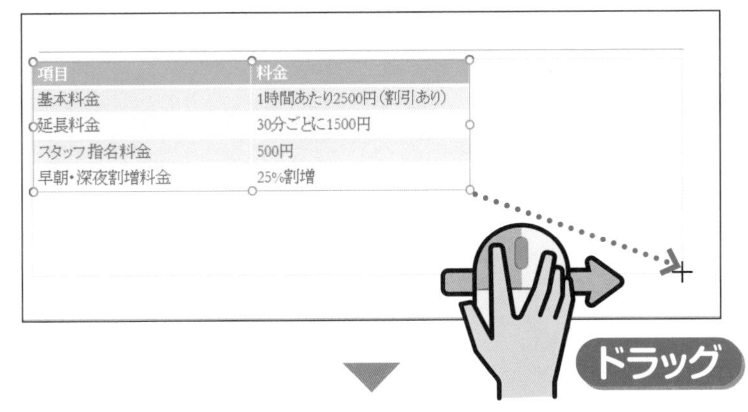

そのまま、右下方向に

ドラッグします。

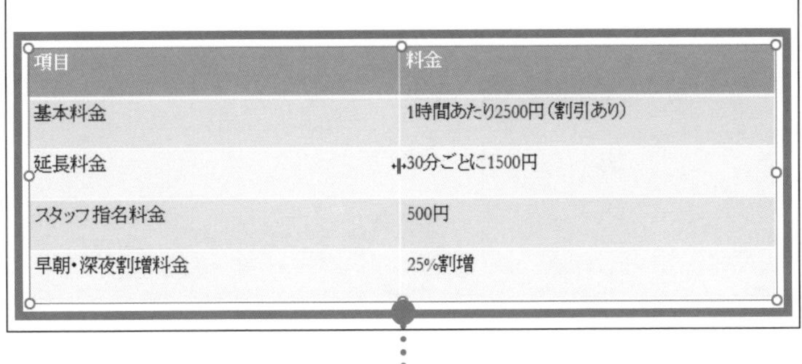

表のサイズが大きくなりました。

ポイント

左上の方向にドラッグすると、表のサイズが小さくなります。

07 » 行の高さ・列の幅を変更しよう

文字の量に合わせて、列の幅を変更する方法を覚えましょう。
ここでは、1列目の幅を狭くします。

操作

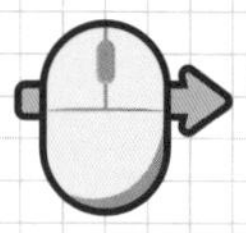
移動
▶P.012

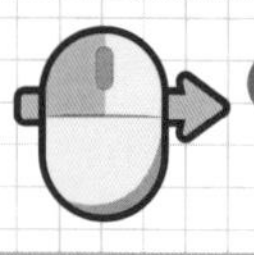
ドラッグ
▶P.015

1 列の幅を変更します

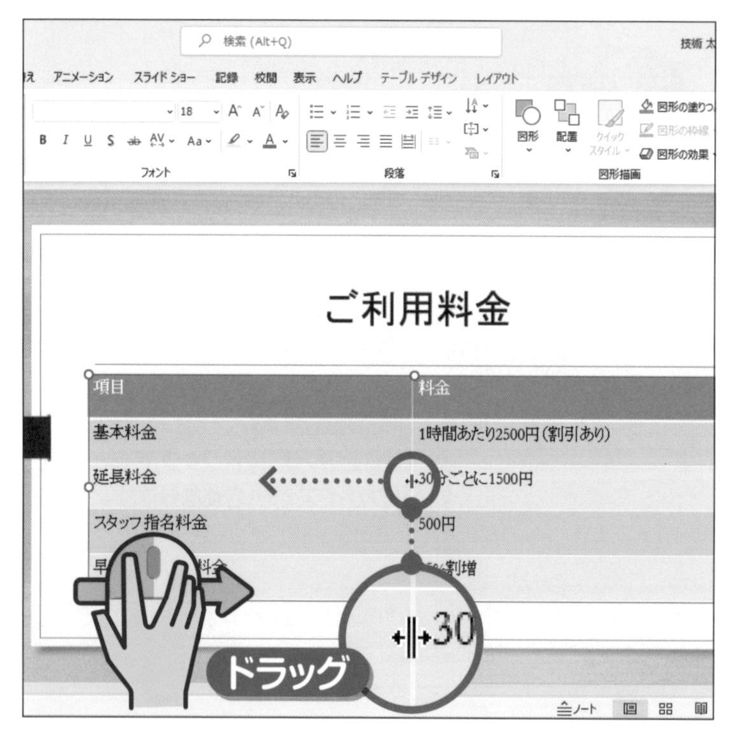

幅を変更したい列（ここでは1列目）の右の境界線に カーソル を移動します。

に変わったら、左へ

ドラッグします。

2 列の幅が変更されました

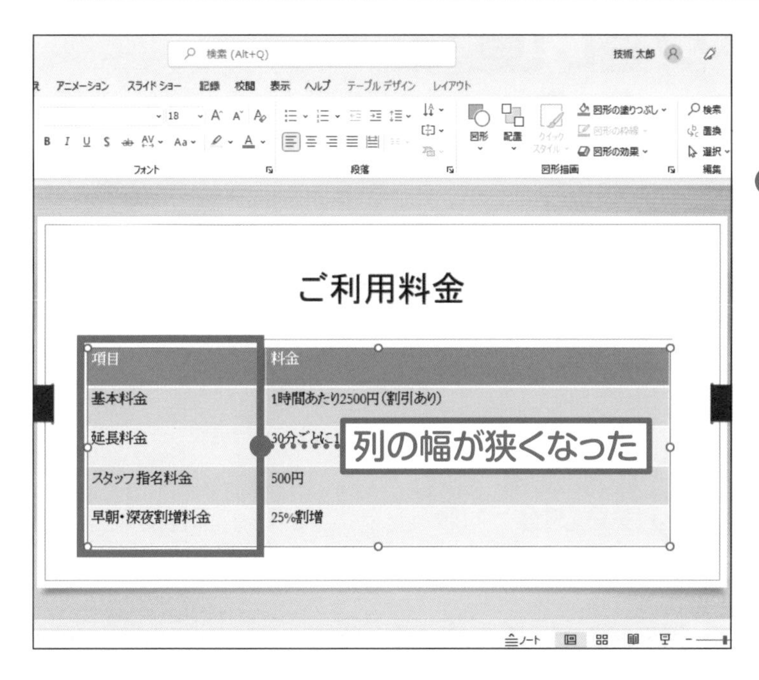

1列目の幅が狭くなりました。

ポイント

右にドラッグすると、列の幅が広くなります。

コラム

行の高さを変更するには

行の高さを変更する手順は次の通りです。

❶ 高さを変えたい行の下境界線に I（カーソル）を移動する

❷ ÷ に変わったら、下へドラッグする

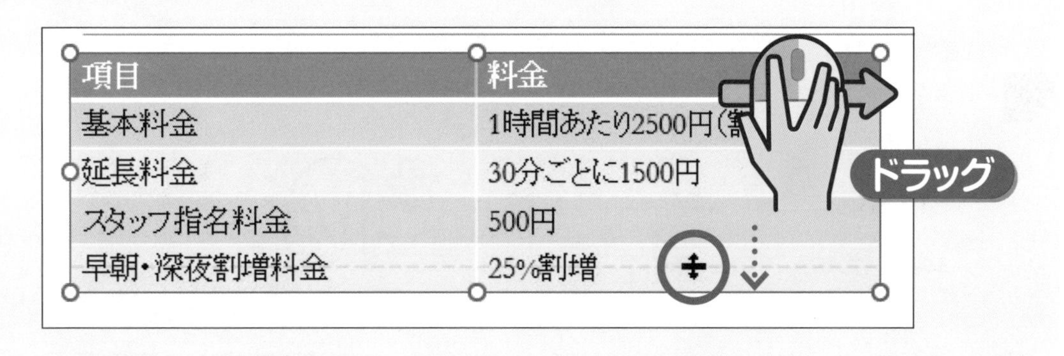

08 » 文字の配置を変更しよう

表に入力した文字は、セルの左上に詰めて表示されます。
バランスよく見えるように、セルの中での文字の配置を変更しましょう。

1 表を選択する準備をします

表の中で左クリックします。

ポイント
表の中のどのセルでもかまいません。

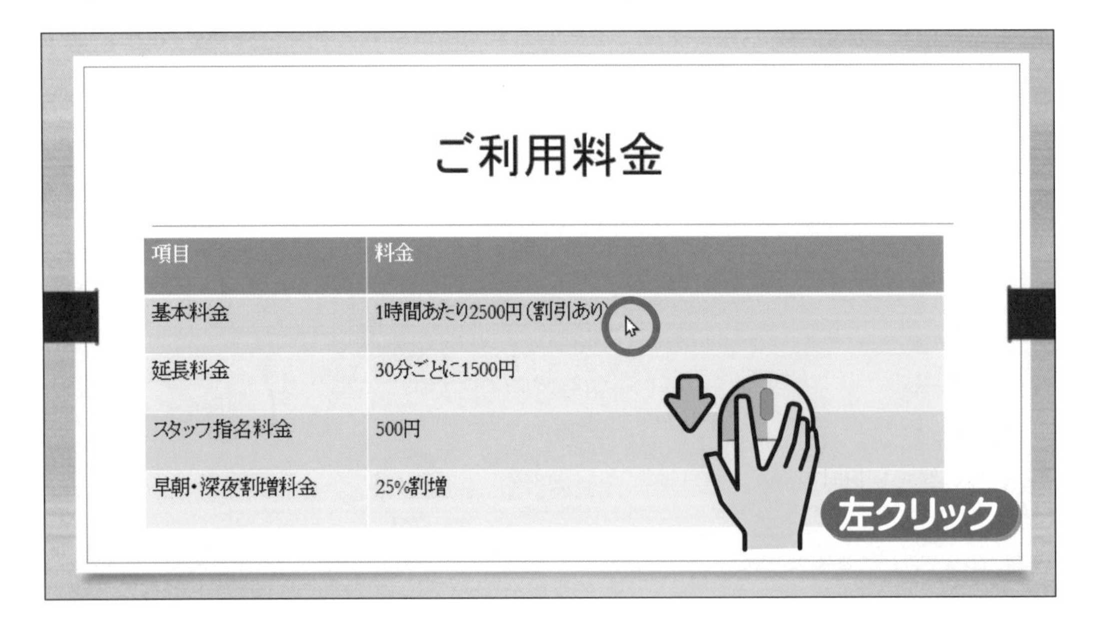

2 カーソルが表内に表示されます

ご利用料金

項目	料金
基本料金	1時間あたり2500円（割引あり）
延長料金	30分ごとに1500円
スタッフ指名料金	500円
早朝・深夜割増料金	25%割増

表の中に、

文字カーソル

が表示されます。

3 表全体を選択します

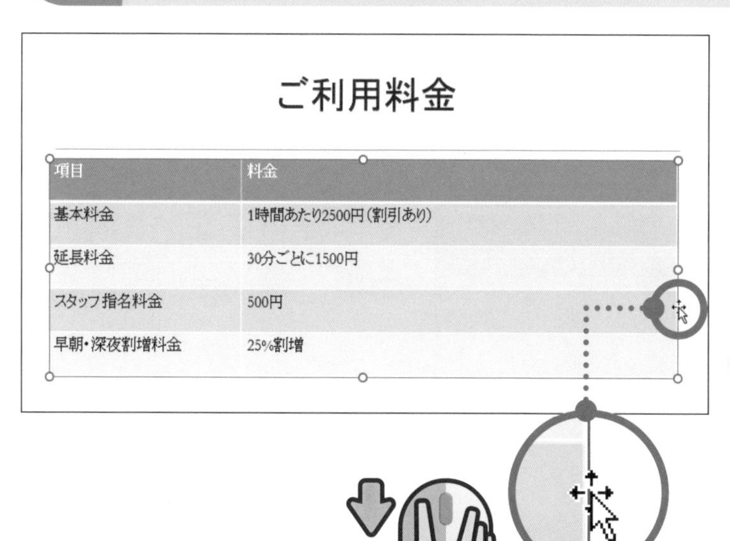

表の外枠に

カーソル

を移動して、

ポイント

表の中の文字カーソルが消え、表全体が選択されます。

4 文字を上下中央に配置します

レイアウト を

左クリックします。

を

左クリックします。

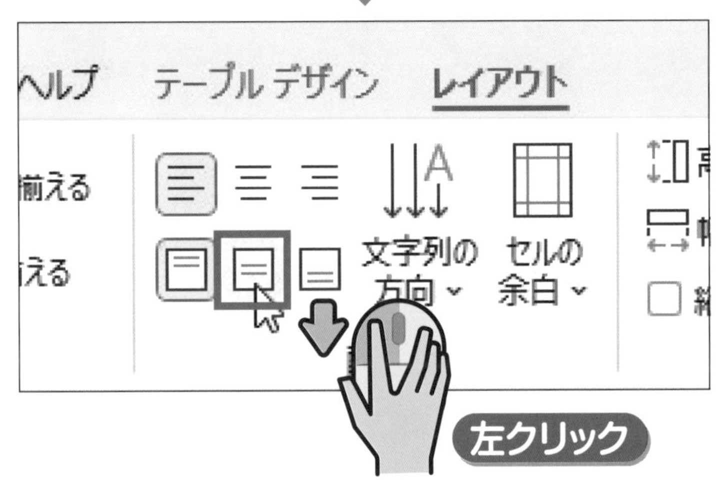

項目	料金
基本料金	1時間あたり2500円（割引あり）
延長料金	30分ごとに1500円
スタッフ指名料金	500円
早朝・深夜割増料金	25%割増

文字が行の上下中央に揃った

文字が行の高さの中で、中央に揃いました。

5 見出しを中央に揃えます

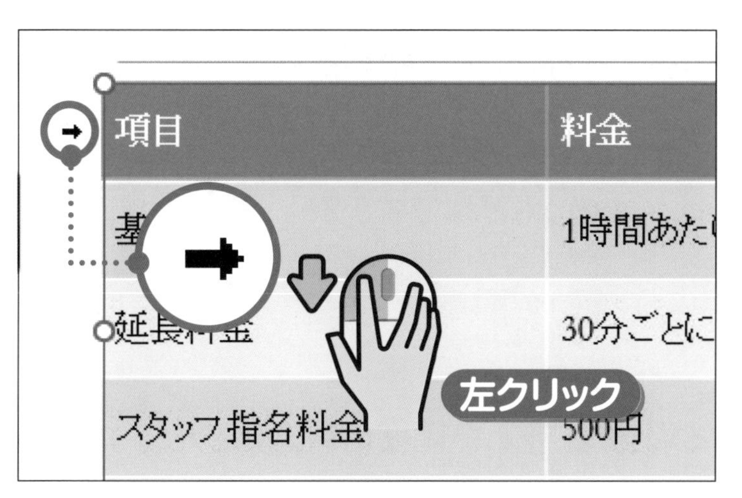

1行目の左に

カーソルを移動します。

➡に変わったら、

左クリックします。

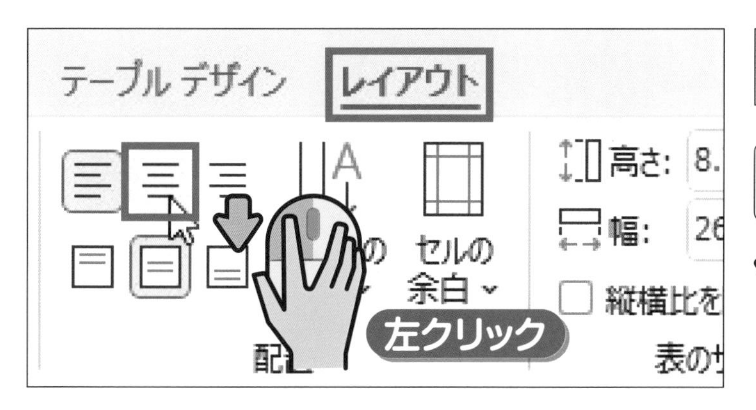

レイアウト→

中央揃えの順に

左クリックします。

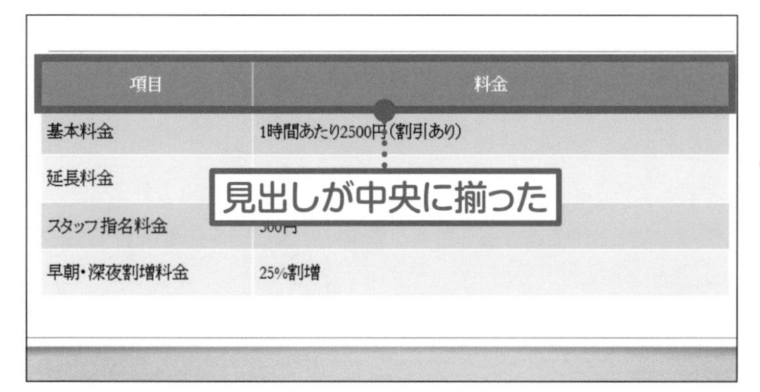

見出しの文字が
中央に揃いました。

ポイント

68ページの方法で上書き保存し、パワーポイントを終了します。

第4章

練習問題

1 表を作成するときに、プレースホルダーで左クリックするボタンは、次のうちどれですか？

2 以下のような表を作る場合に、正しい画面の設定はどれですか？

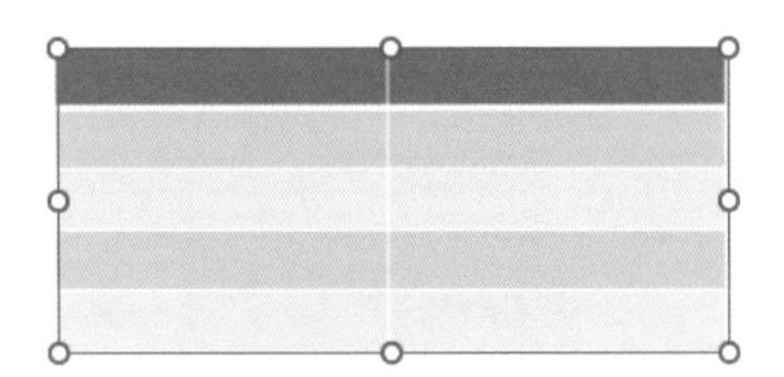

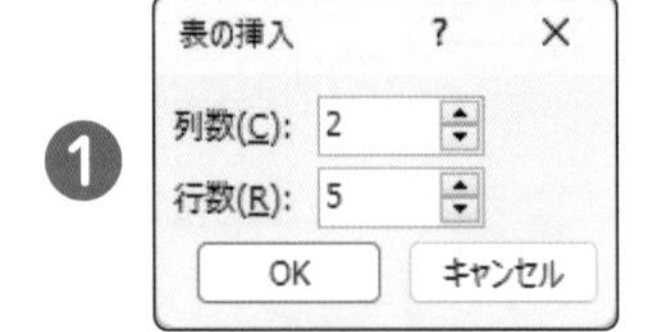

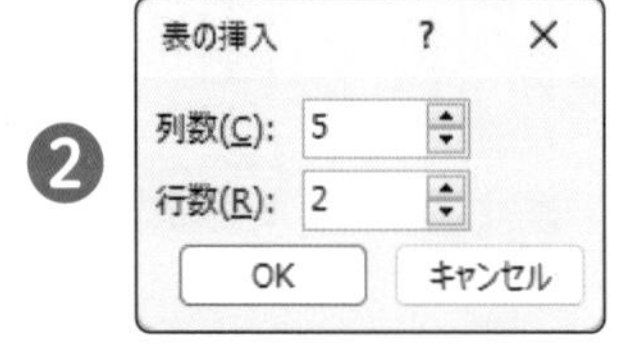

3 以下の画面の状態で、「利用料金」と「休日利用」の間に列を追加する場合、「レイアウト」タブで左クリックするボタンはどれですか？

会員種別	利用料金	休日利用
一般	6,000円	×
プレミアム	10,000円	○
デイ	5,000円	×
ホリデー	8,000円	○

第5章

5 グラフを作成しよう

この章で学ぶこと

- グラフを作成する手順を理解していますか?
- グラフを挿入できますか?
- グラフのデータを入力できますか?
- 棒グラフに数字を表示できますか?

01 » この章でやること～グラフの作成

この章では、グラフを作る方法を学びましょう。
グラフは、数字の大きさや変化を強調したいときに便利です。

作成できるグラフの種類

パワーポイントには、棒グラフ、折れ線グラフ、円グラフなどさまざまな種類のグラフが用意されています。
今回は、縦棒グラフを作成します。

● 縦棒グラフ

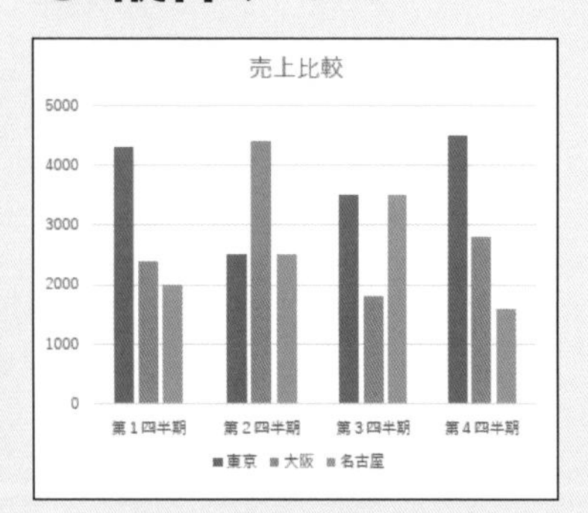

今回作成するグラフ

● 折れ線グラフ

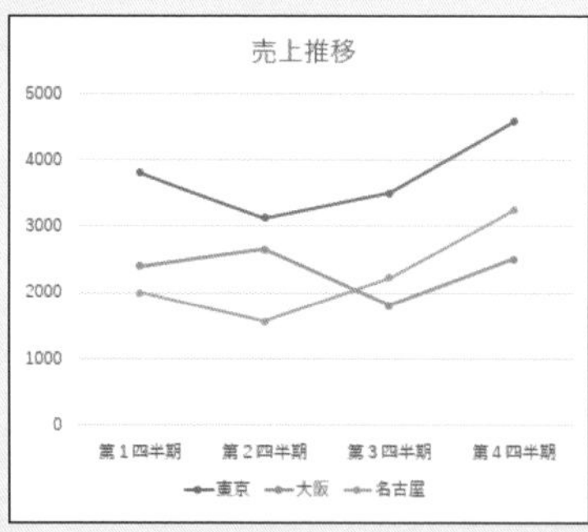

● 円グラフ

グラフを作成する手順

パワーポイントのグラフは次の手順で作成します。

❶ 種類を選び、見本となるグラフを配置する

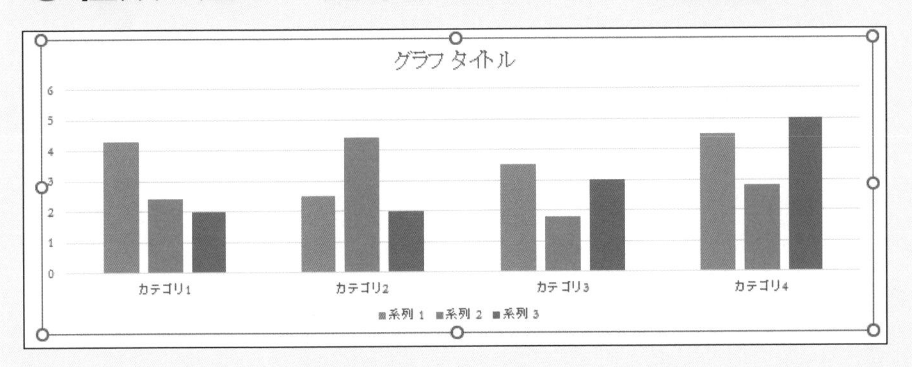

❷ データシートを書き換えて、見本のグラフを変更する

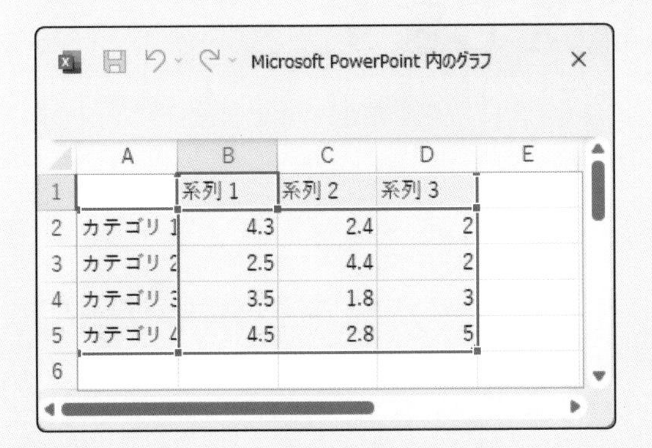

Microsoft PowerPoint 内のグラフ

	A	B	C	D	E
1		系列 1	系列 2	系列 3	
2	カテゴリ 1	4.3	2.4	2	
3	カテゴリ 2	2.5	4.4	2	
4	カテゴリ 3	3.5	1.8	3	
5	カテゴリ 4	4.5	2.8	5	
6					

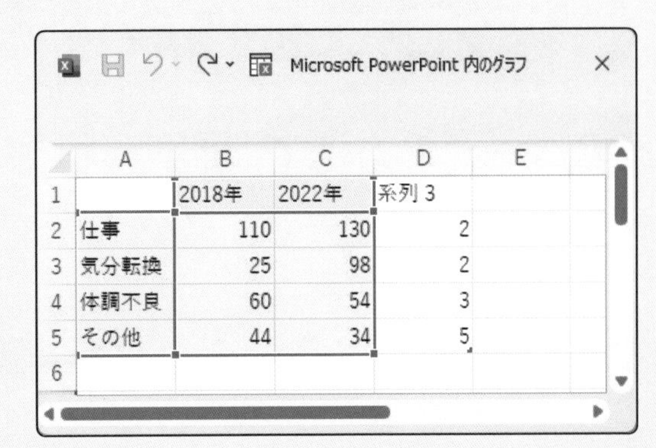

Microsoft PowerPoint 内のグラフ

	A	B	C	D	E
1		2018年	2022年	系列 3	
2	仕事	110	130	2	
3	気分転換	25	98	2	
4	体調不良	60	54	3	
5	その他	44	34	5	
6					

❸ 細かい部分を整える

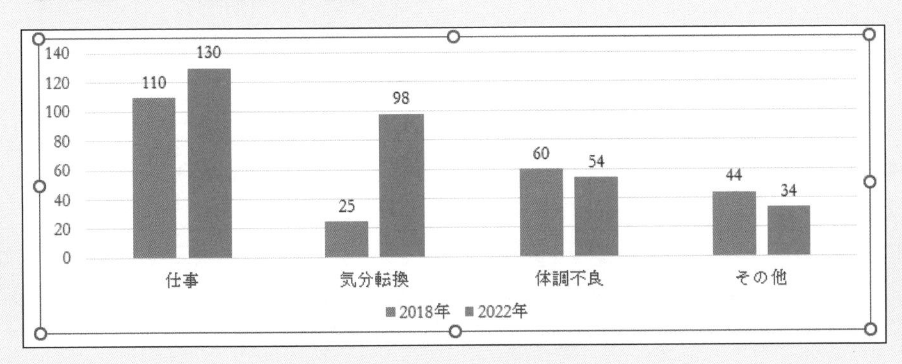

02 » グラフを作成しよう

最初に、グラフの種類を選んで、サンプルのグラフを作成します。
ここでは、スライド3にアンケートの結果を表す縦棒グラフを作成します。

1 グラフを作成する準備をします

38ページの方法で「提案資料」を開き、
56ページの方法で、スライド3を選択しておきます。

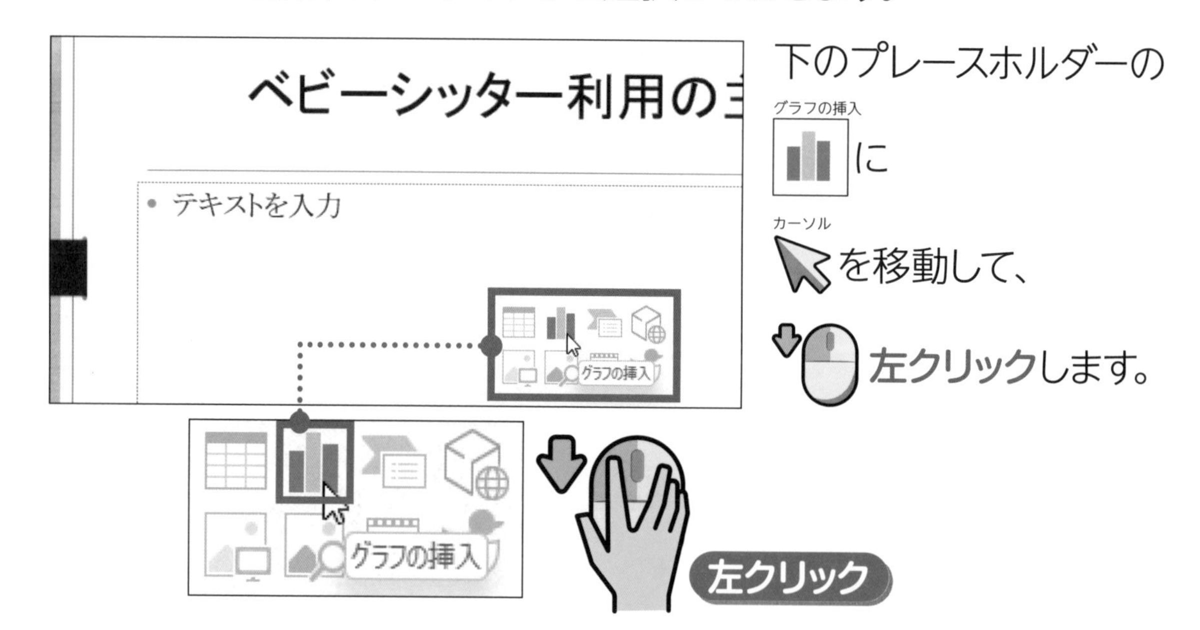

下のプレースホルダーの グラフの挿入 に カーソル を移動して、左クリックします。

2 グラフを配置します

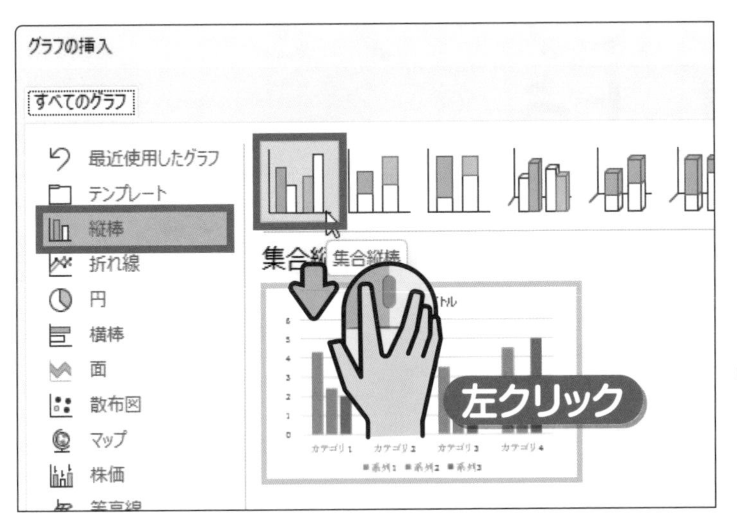

→

集合縦棒 の順に

ポイント
別のグラフを挿入する場合は、ここで種類を選びます。

画面右下の

OK を

見本のグラフとデータシートが表示されました。

ポイント
データシートには、グラフの元になる仮のデータが入力されています。

03 » グラフにデータを入力しよう

データシートの文字や数字を変更すると、見本のグラフに反映されます。
ここでは、データシートの内容を書き換える方法を覚えましょう。

操作

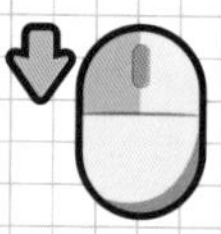
左クリック
▶P.013

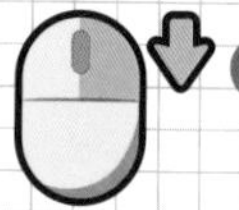
右クリック
▶P.013

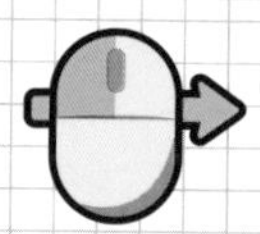
ドラッグ
▶P.015

1 データシートを下に広げます

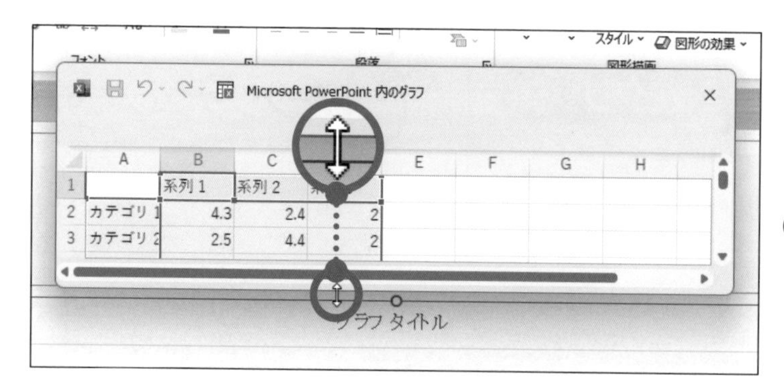

データシートの下枠にカーソルを移動します。

ポイント
データシートが表示されていない場合、131ページのコラムを参照してください。

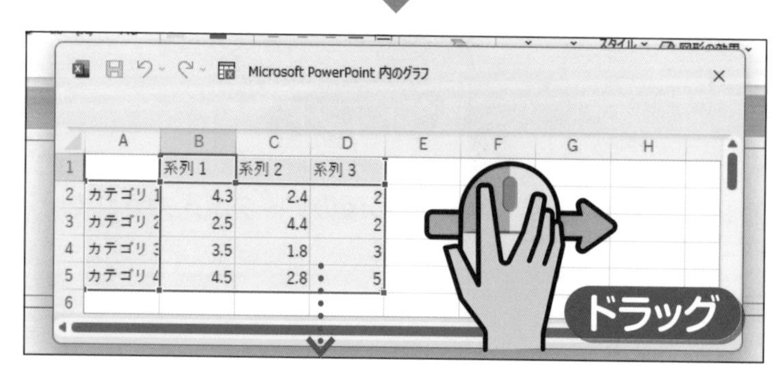

に変わったら6行目が表示されるまで下に

ドラッグします。

2 項目名を入力します

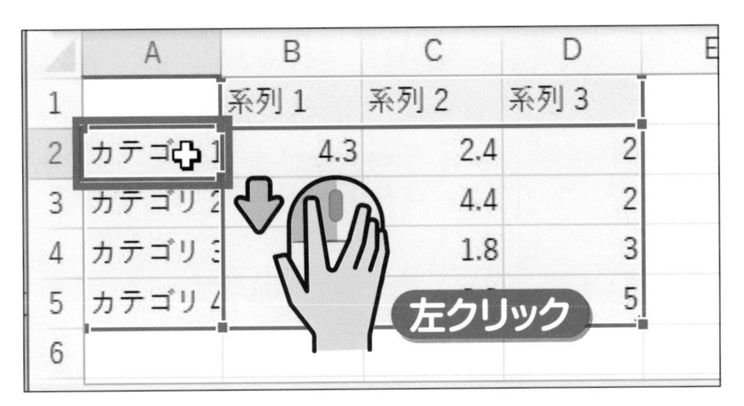

A2セルを

「カテゴリ1」を
削除します。

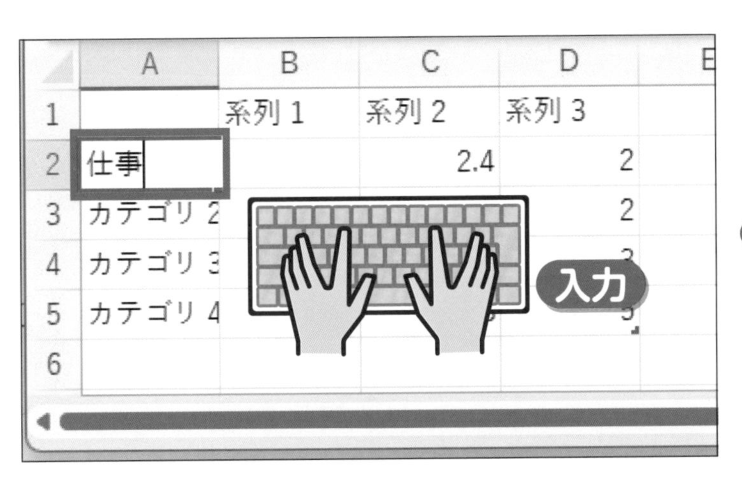

「仕事」と

ポイント

Enter キーを押すと、文字が置き換わり、下のA3セルに✚が移動します。

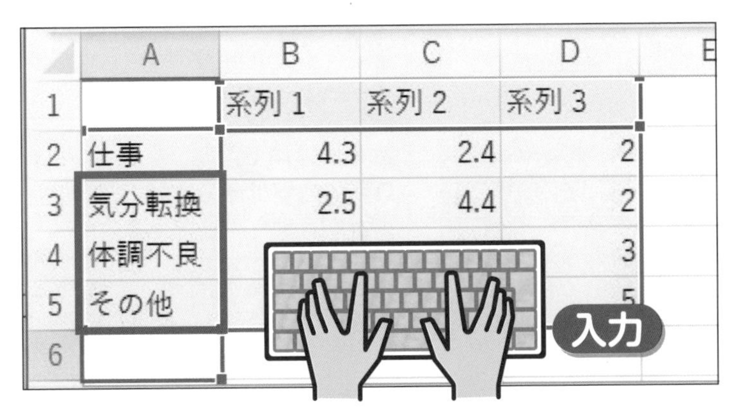

左の図のように
ほかの項目を

3 年を入力します

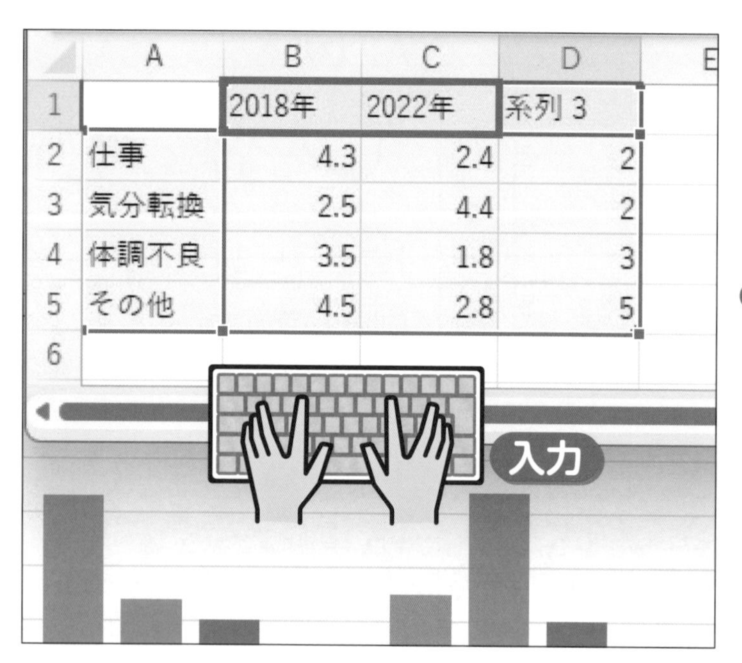

B1セル、
C1セルに年を

ポイント
数字は半角で入力します。

4 数値を入力します

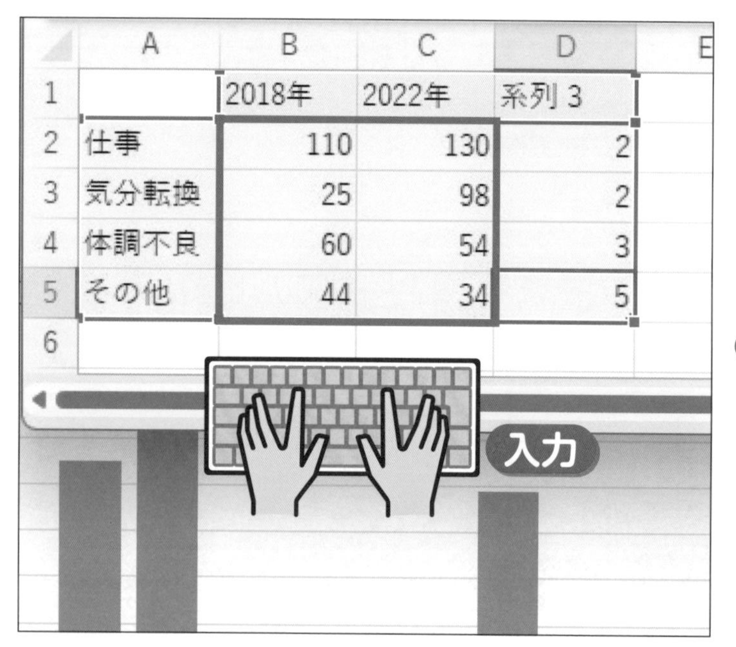

左の図のように
B2セルから
C5セルまで数値を

ポイント
数字は半角で入力します。
D列の内容はそのままにしておきます。

5 グラフの内容が変更されます

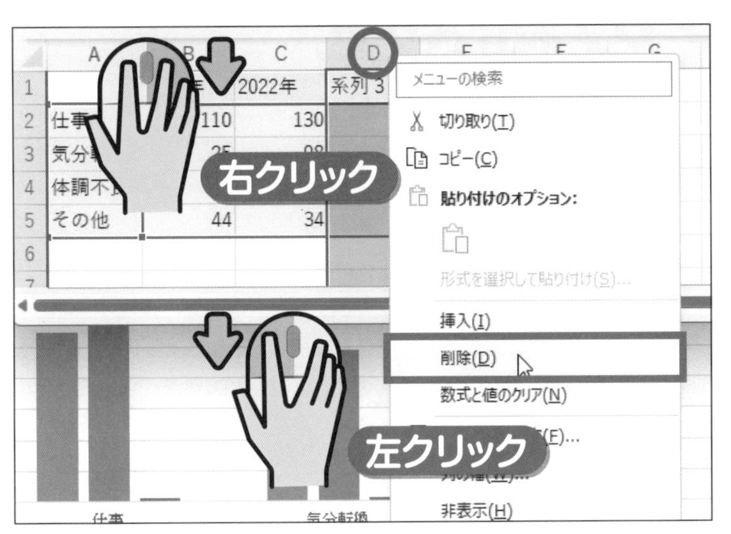

の上で

右クリックします。

表示されたメニューから

削除(D) を、

左クリックします。

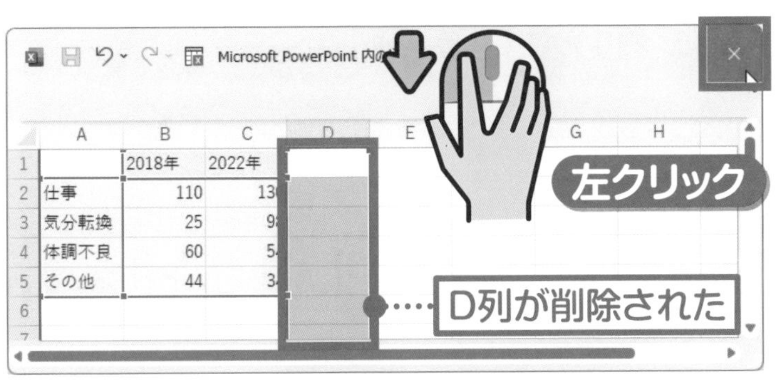

右上の 閉じる × を、

左クリックします。

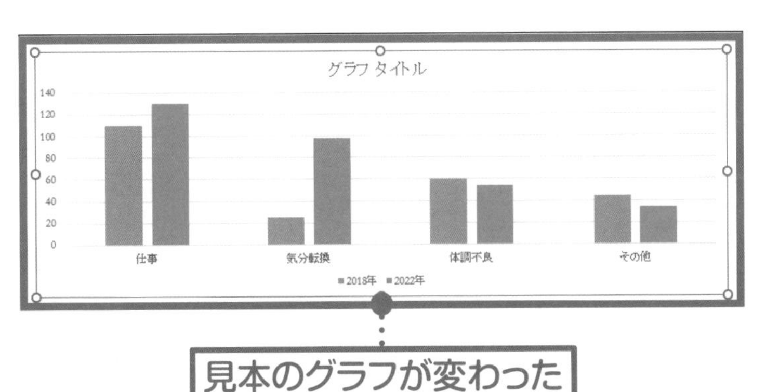

グラフの内容が
変更されました。

04 » グラフの細部を編集しよう

作成したグラフは、細かい部分を編集して完成させましょう。
ここでは、グラフの要素を削除したり、追加したりする方法を覚えましょう。

操作

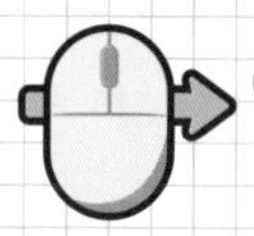

移動 ▶P.012

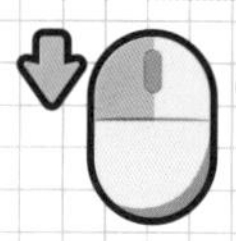

左クリック ▶P.013

1 グラフタイトルを削除します

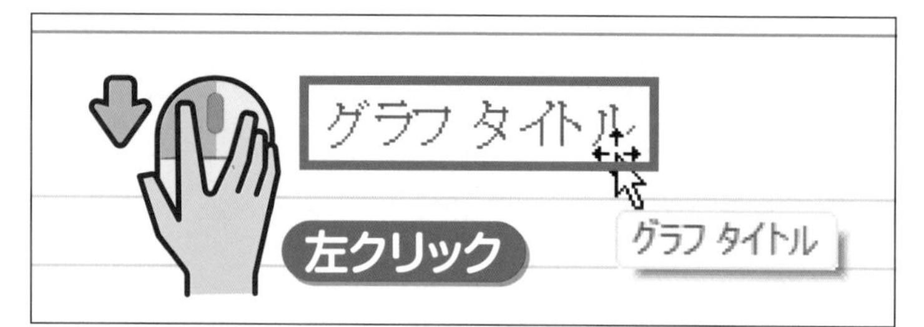

グラフ タイトル を

左クリックします。

周囲に○が
表示されたら
Delete(デリート)キーを押します。

スライドのタイトルと重複するため、
グラフタイトルの欄を削除します。

2 グラフタイトルが削除されました

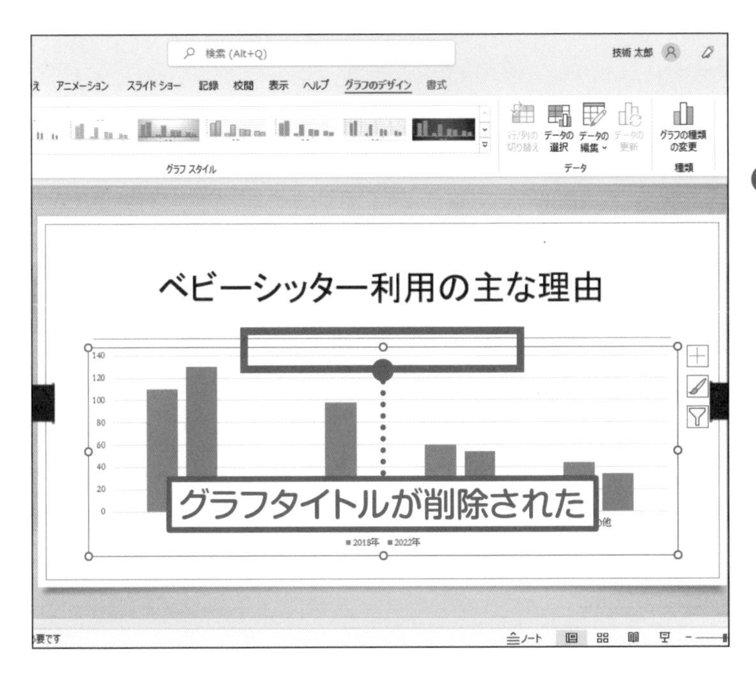

グラフタイトルの欄が削除されました。

ポイント
空いたスペースは、自動的に詰めて表示されます。

3 棒グラフに数字を表示する準備をします その1

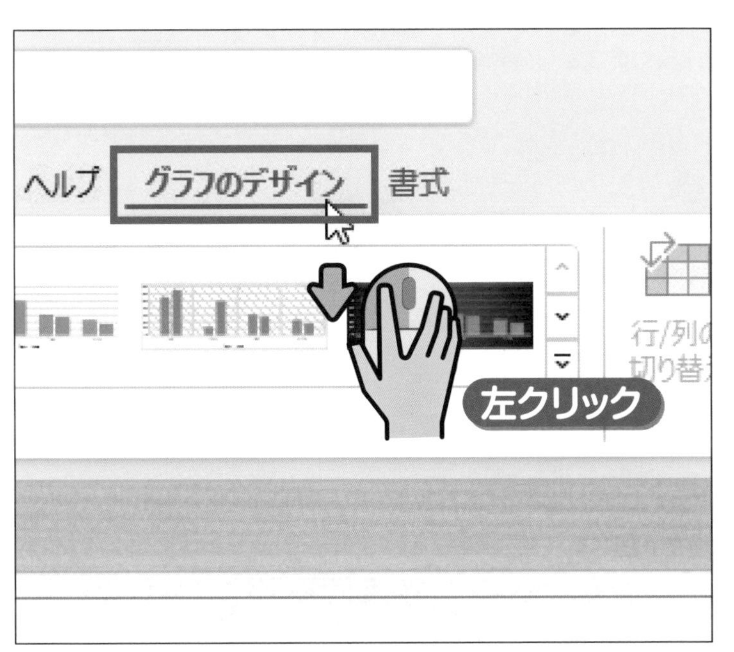

[データラベル]を追加して数字をグラフの棒の上に表示します。

グラフのデザイン を

左クリックします。

4 棒グラフに数字を表示する準備をします　その2

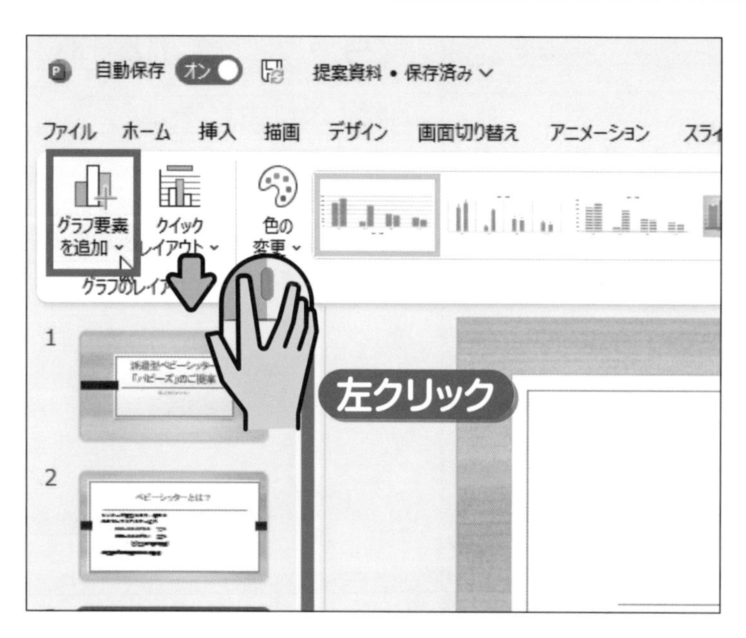

に

カーソル
を移動して、

左クリックします。

5 棒グラフに数字を表示する準備をします　その3

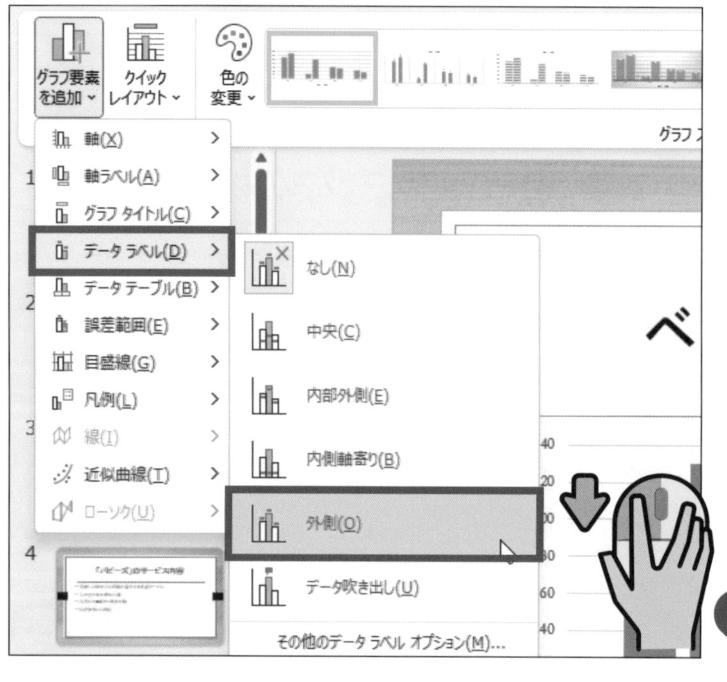

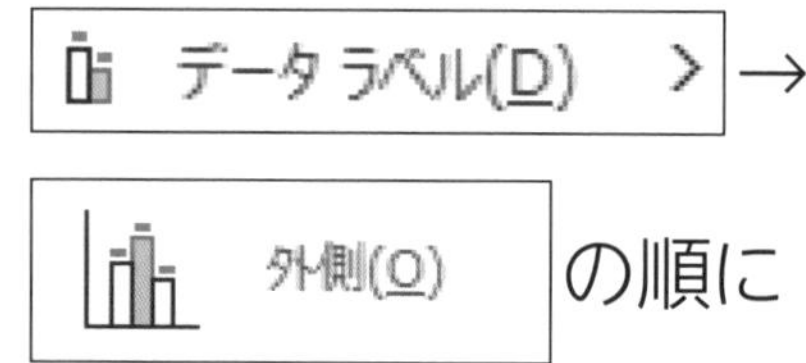

→ の順に

左クリックします。

6 棒グラフに数字が表示されました

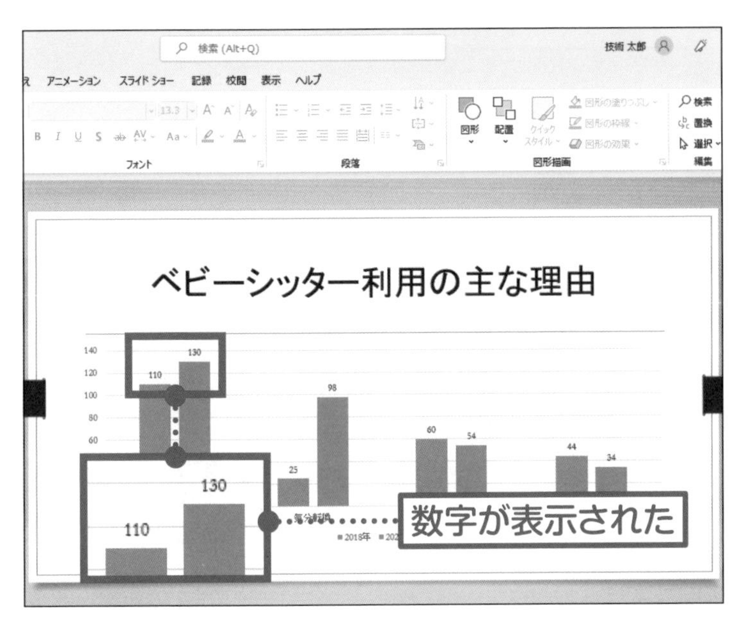

グラフの上に、
数字が表示されました。

ポイント

68ページの方法で上書き保存し、パワーポイントを終了します。

コラム

データシートを再び表示するには

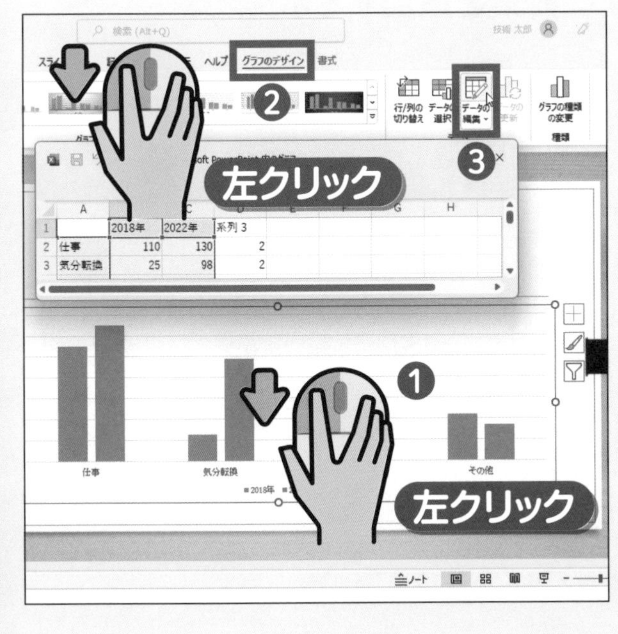

❶ グラフの上で

左クリックします。

❷ グラフのデザイン を

左クリックします。

❸ データの編集 → データの編集 の順に

左クリックします。

第5章

練習問題

1 **グラフを作成するときに、最初に行う操作はなんですか?**

❶ グラフにしたい表の範囲を選択する

❷ プレースホルダーの ボタンを左クリックする

❸ グラフのタイトルをプレースホルダーに入力する

2 **グラフの元データを入力する画面の名前はなんですか?**

❶ データラベル

❷ データシート

❸ ワークシート

3 **グラフに表示されていない要素を追加するボタンはどれですか?**

❶  ❷  ❸ 

第6章

6 イラストや写真を利用しよう

この章で学ぶこと

- イラストを挿入できますか?
- イラストにスタイルを設定できますか?
- 写真を挿入できますか?
- 写真のサイズを変更できますか?
- 写真を移動できますか?

01 » この章でやること〜イラスト・写真

イラストや写真は、イメージをふくらませて、すばやい理解を助けてくれます。
この章では、イラストや写真をスライドに入れる方法を学びましょう。

イラストを追加する手順

パワーポイントには、アイコンという
シンプルなイラスト素材が用意されています。
アイコンは、次の手順でスライドに追加できます。

❶ 一覧画面で、使いたいイラストを選ぶ

❷ スライド上でサイズや位置を調整する

「パピーズ」のサービス内容
・休職中の保育士が多数在籍する派遣型サービス
・入会金や年会費は不要
・乳児から12歳まで利用可能
・病児保育にも対応

アイコンの利用には、
インターネットへの接続が必要です。

写真を追加する手順

デジカメやスマートフォンで**撮影した写真**を、
「ピクチャ」フォルダーに保存しておけば、
次の手順でスライドに追加できます。

❶ 画像の選択画面で、使いたい写真を選ぶ

❷ スライド上で サイズや位置を調整する

本書では、「ピクチャ」フォルダーにある写真を挿入します。
写真データをあらかじめ「ピクチャ」にコピーしておきましょう。

ベビーシッターとは？

シッターが自宅に来て、個別に
保育をしてくれるサービス。
利用したことがある　78%
利用したことがない　22%
（2022年内閣府調査）
約8割が利用経験ありと回答

02 » イラストを挿入して形を整えよう

スライドにイラストを挿入するには、アイコン機能を使います。
ここでは、スライド4に、子供のイラストを追加します。

1 イラストを追加する準備をします

38ページの方法で「提案資料」を開き、
56ページの方法で、スライド4を選択しておきます。

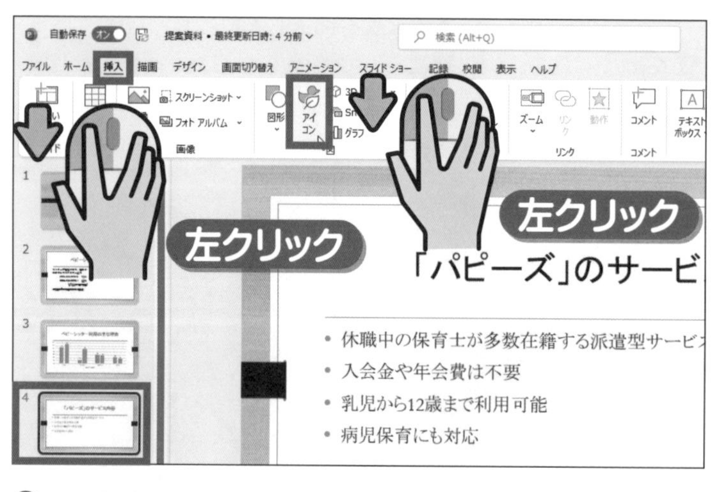

挿入を

続いて、

を

ポイント

あらかじめインターネットに接続しておきましょう。

2 イラストを選びます

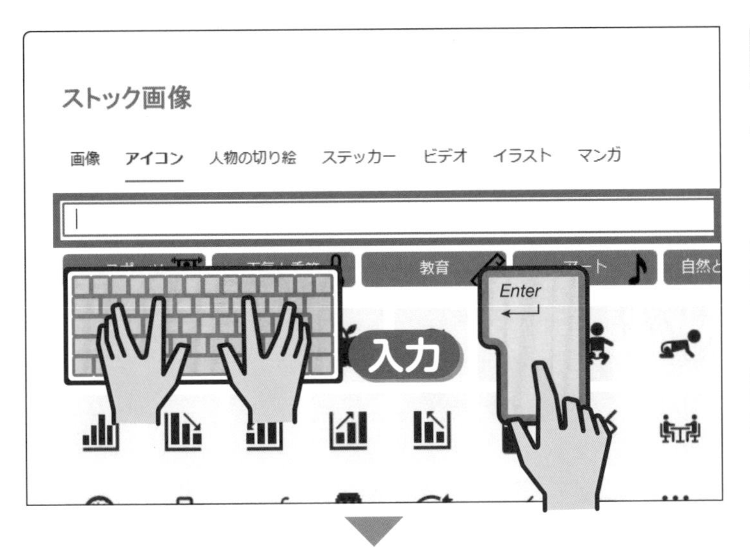

に、

イラストのキーワード
（ここでは「赤ちゃん」）を

入力して、

エンター
キーを押します。

キーワードに関連した
イラストが
表示されます。

追加したいイラストを

左クリックします。

○が ✓ に変わります。

右下の 挿入 (1) を

3 イラストのサイズを変更します

パピーズ」のサービス内容
育士が多数在籍する派遣型サービス
会費は不要
歳まで利用可能
も対応
左クリック

イラストが
挿入されました。

イラストを
 左クリックします。

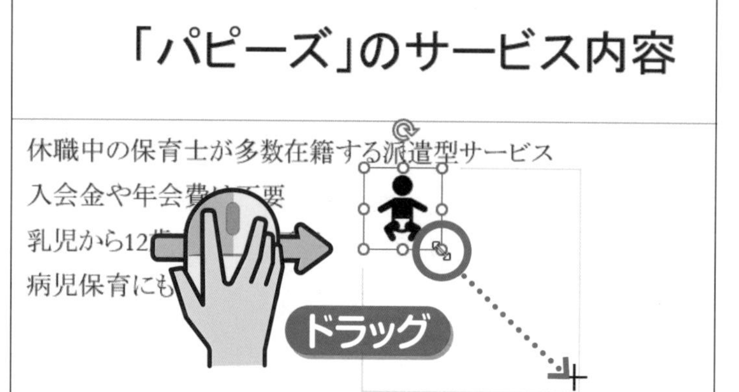

右下の○に
カーソル
を移動し、
になったら、
右下に
 ドラッグします。

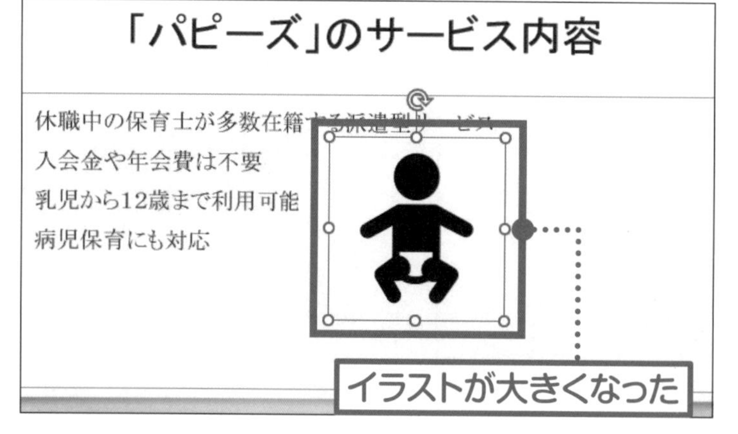

イラストが
大きくなりました。

4 イラストを移動します

「パピーズ」のサービス内容

- 休職中の保育士が多数在籍する派遣型サービス
- 入会金や年会費は不要
- 乳児から12歳まで利用可能
- 病児保育にも対応

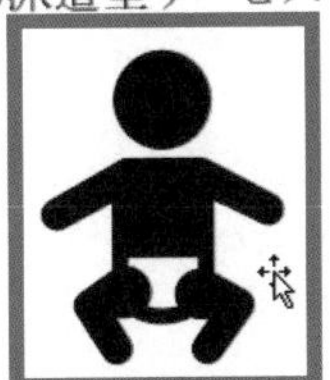

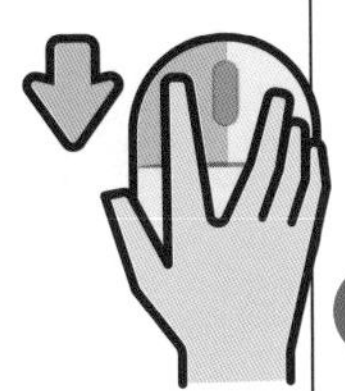

左クリック

イラストを

左クリックします。

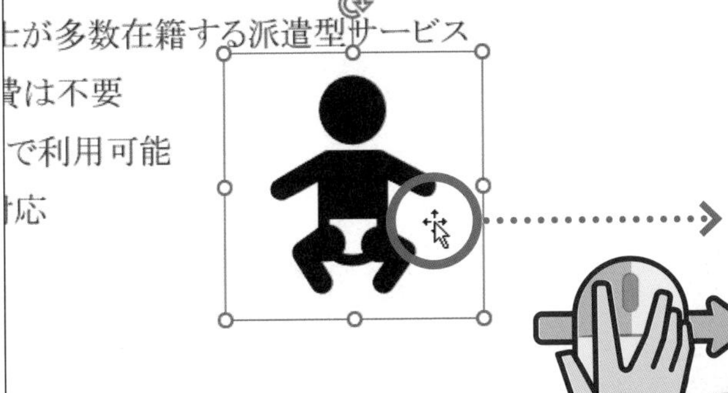

ドラッグ

イラストの枠内に

カーソル を移動して、

右へ

ドラッグします。

「パピーズ」のサービス内容

- 休職中の保育士が多数在籍する派遣型サービス
- 入会金や年会費は不要

イラストが移動した

イラストが

移動しました。

ポイント

イラストの外を左クリックすると、イラストの周りの○がなくなります。

03 » イラストにスタイルを設定しよう

アイコンの色は、最初は白黒ですが、あとから変更することができます。ここでは、スタイルを設定して、イラストの色を変更しましょう。

操作

左クリック
▶P.013

1 スタイルを設定する準備をします

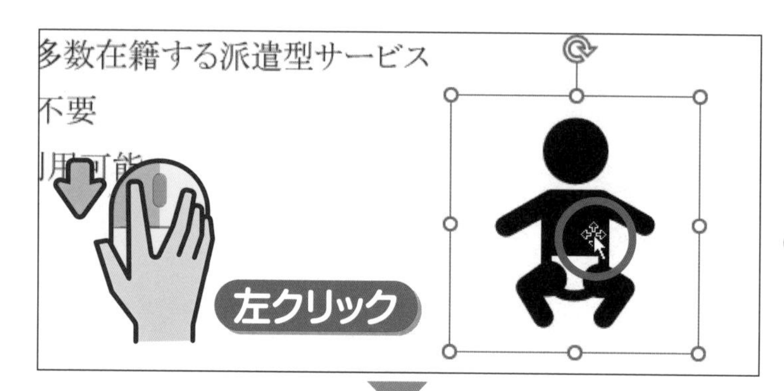

イラストを

左クリックします。

ポイント
アイコンが選択されると、周囲に○が表示されます。

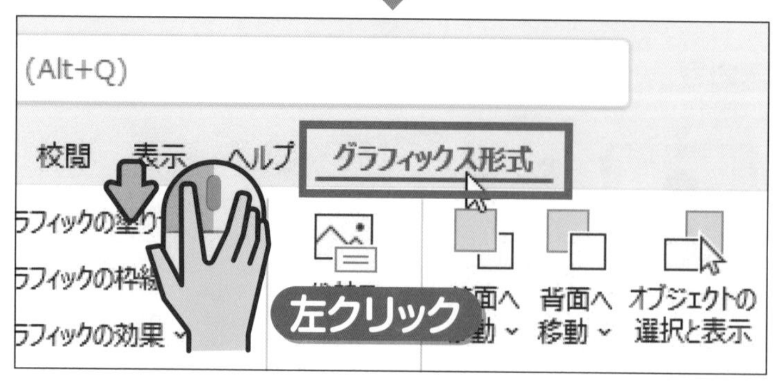

を

左クリックします。

2 スタイルを設定します

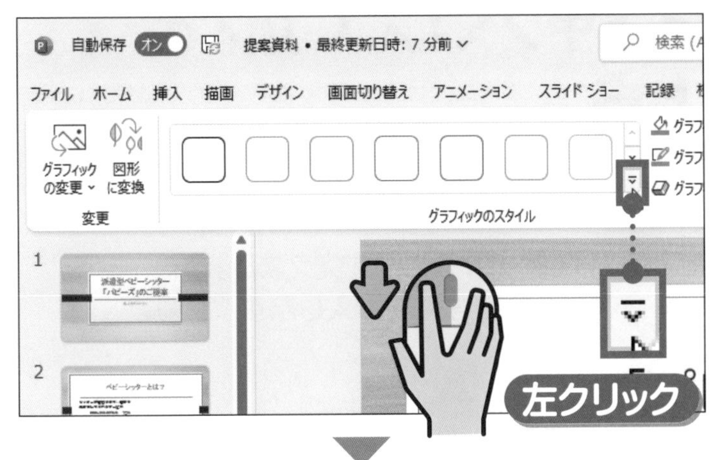

「グラフィックのスタイル」の

その他 を

左クリックします。

設定したいスタイルを

左クリックします。

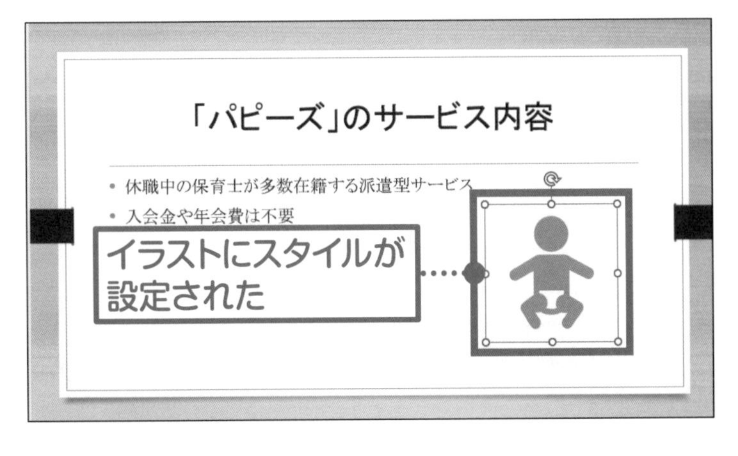

イラストの色が変わりました。

04 » 写真を挿入して形を整えよう

デジカメなどで撮影した写真をスライドに追加する方法を覚えましょう。
ここでは、「ピクチャ」フォルダーに保存された写真を挿入します。

1 写真を挿入する準備をします

56ページの方法で、スライド2を選択しておきます。

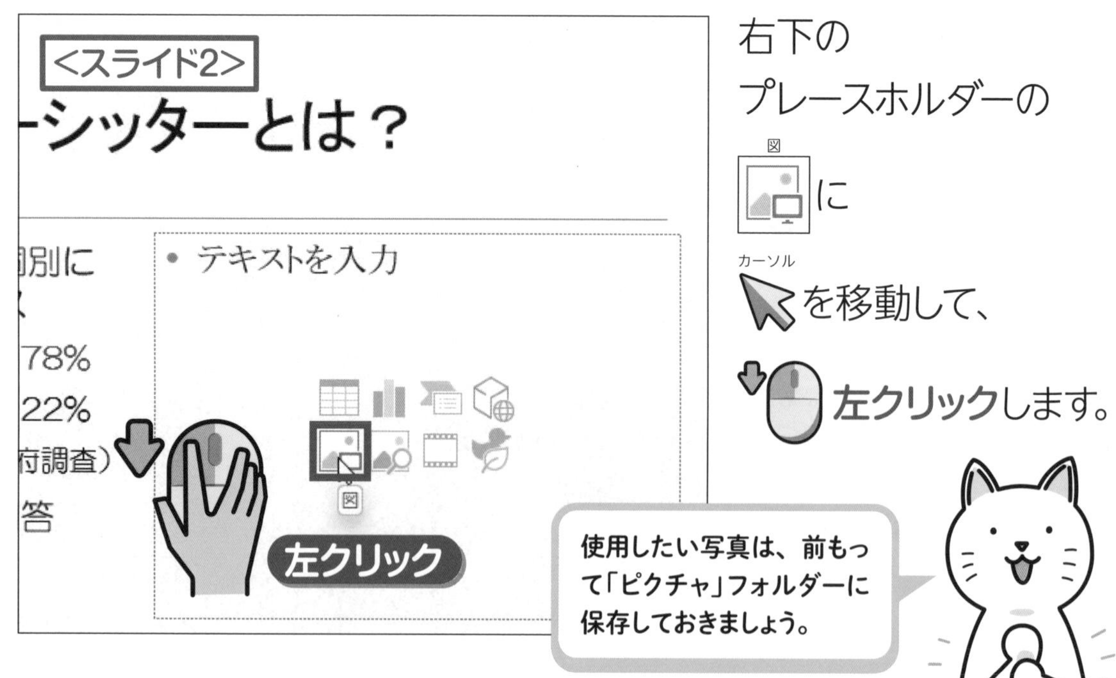

右下のプレースホルダーの図に（カーソル）を移動して、左クリックします。

2 写真を挿入します

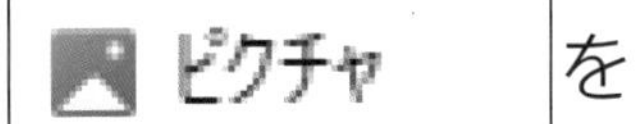

を

左クリックします。

追加したい写真を

左クリックし、

を

左クリックします。

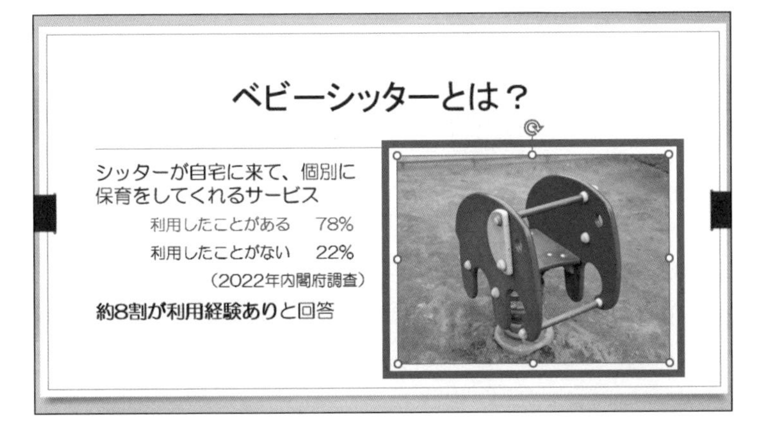

選択した写真が
挿入されました。

3 写真のサイズを変更します

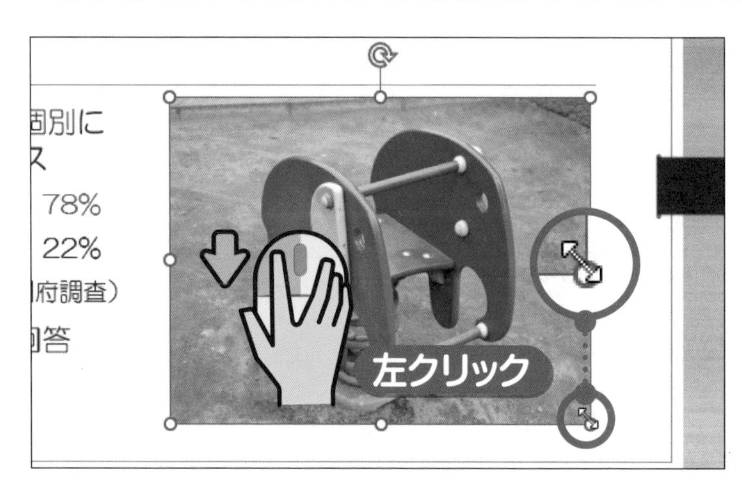

写真を左クリックして、右下の○にカーソルを移動すると、↘に変わります。

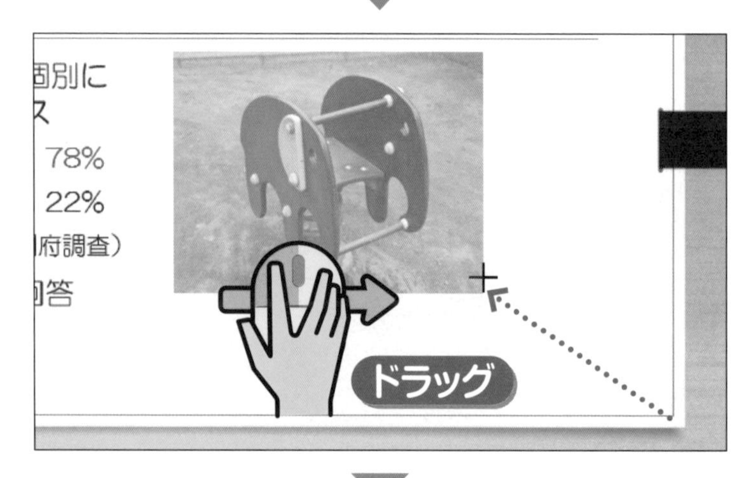

そのまま、左上へドラッグします。

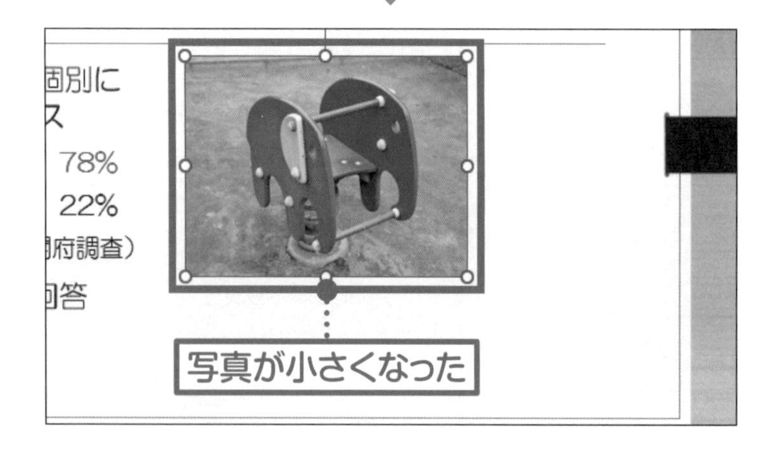

写真が小さくなりました。

4 写真を移動します

写真を

 左クリックします。

て、個別に
ービス
ある 78%
ない 22%
年内閣府調査）
りと回答
ドラッグ

イラストの枠内に

カーソル を移動して、

右下へ

 ドラッグします。

て、個別に
ービス
ある 78%
ない 22%
年内閣府調査）
りと回答
写真が移動した

写真が移動しました。

ポイント

68ページの方法で上書き保存し、パワーポイントを終了します。

練習問題

1 スライドに写真を挿入するときに使うボタンはどれですか？

2 写真のファイルを保存するのに適したフォルダーはどれですか？

❶ ドキュメント

❷ ピクチャ

❸ ビデオ

3 アイコンや写真をスライド上で移動するときに、カーソルを置くのはどこですか？

第7章

7 図形を作成しよう

この章で学ぶこと

- 図形を作成できますか?
- 図形に文字を入力できますか?
- 図形のサイズを変更できますか?
- 図形の位置を変更できますか?
- 図形の色を変更できますか?

01 » この章でやること～図形の作成

この章では、スライドに図形を作成する方法を学びます。
図形を使って、イラストや写真にコメントをつけることもできます。

図形の作成

パワーポイントには、丸や星形などの**図形を作成する機能**があります。図形には**文字を入れられる**ので、イラストや写真にコメントをつけたいときにも役立ちます。

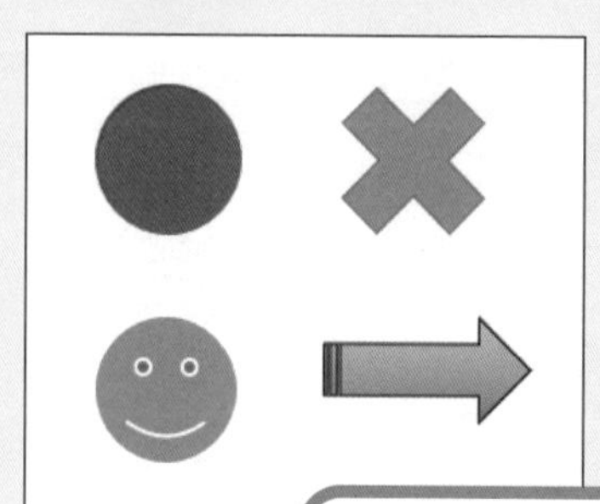

イラストにコメントをつけると、いいたいことがより伝わりますね！

図形を作成する手順

図形を作成する手順は次のとおりです。

❶ 最初に図形を選び、スライドでドラッグする

星とリボン

吹き出し

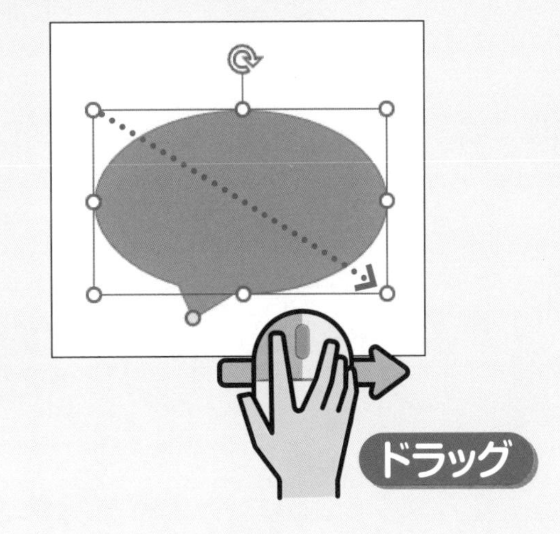

❷ 文字を入力する

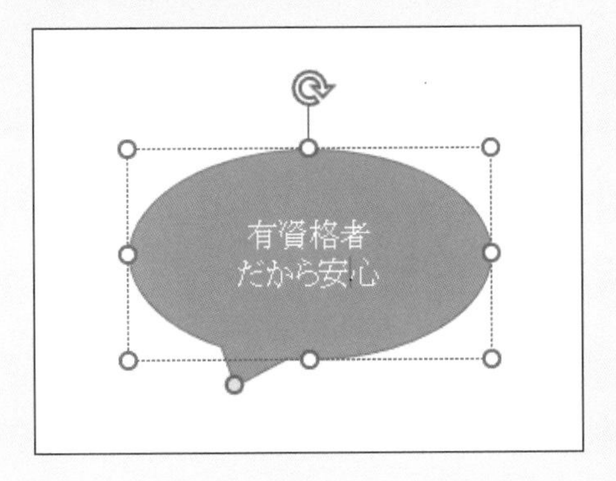

❸ 形やサイズ、位置を調整する

02 » 図形を作成しよう

図形には、多角形、矢印、星形、吹き出しなどたくさんの種類があります。
ここでは、丸い吹き出しの図形を作成しましょう。

1 図形を作成する準備をします

38ページの方法で「提案資料」を開き、
56ページの方法で、スライド4を選択しておきます。

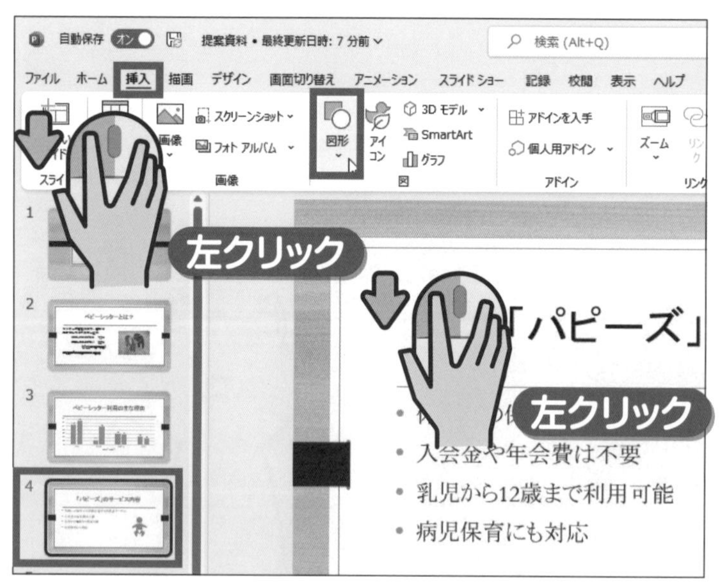

 を

左クリックして、

 を

左クリックします。

2 図形を作成します

「吹き出し」の

吹き出し:円形

を

左クリックします。

ポイント

が見つからない場合、マウスのホイールを回転します。

作成したい位置に

カーソル

＋を移動して、

右下へ

ドラッグします。

「パピーズ」のサービス内容

休職中の保育士が多数在籍する派遣型サービス

入会金や年会費は不要

乳児から12歳まで利用可能

病児保育にも対応

図形が挿入された

吹き出しの図形が作成されました。

03 » 図形に文字を入力しよう

作成した図形には、自由に文字を追加できます。
ここでは、図形に文字を入力する方法を覚えましょう。

操作

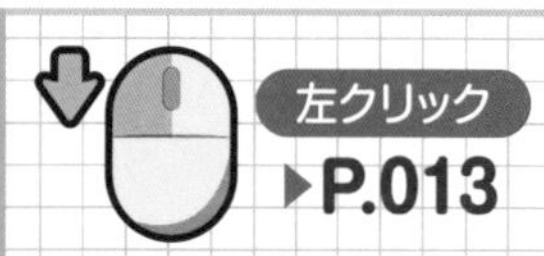

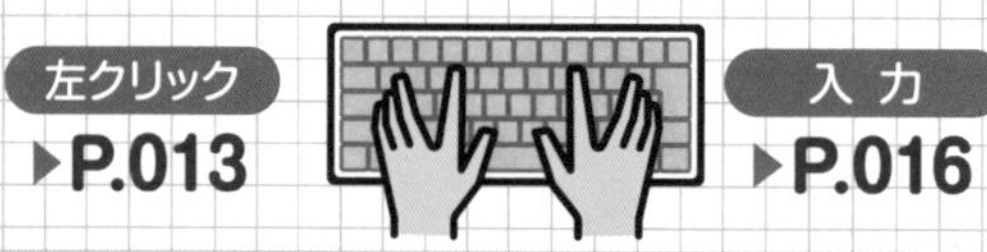

1 文字を入力する準備をします

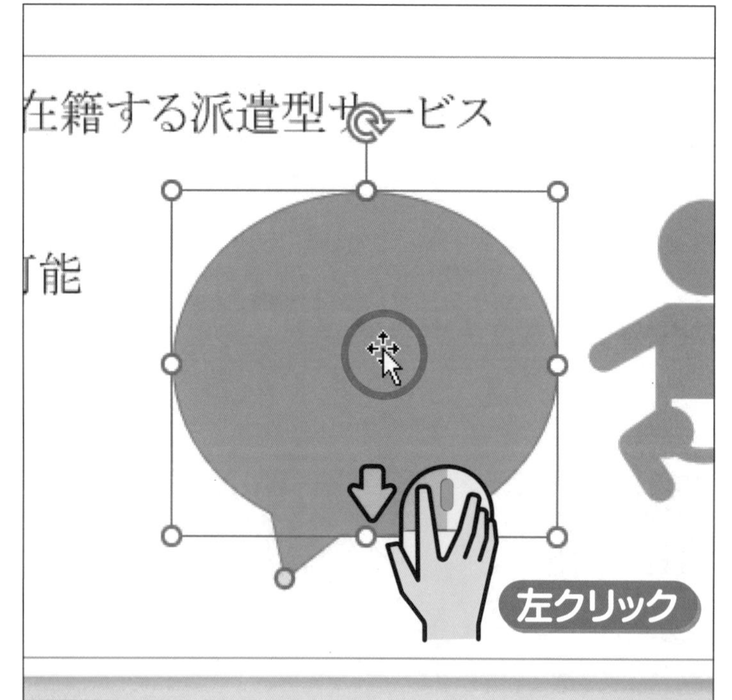

図形の中にカーソルを移動して、

左クリックします。

図形の周囲に○が表示されます。

ポイント

入力モードアイコンが A の場合、半角/全角キーを押して、あ に切り替えます。

2 文字を入力します

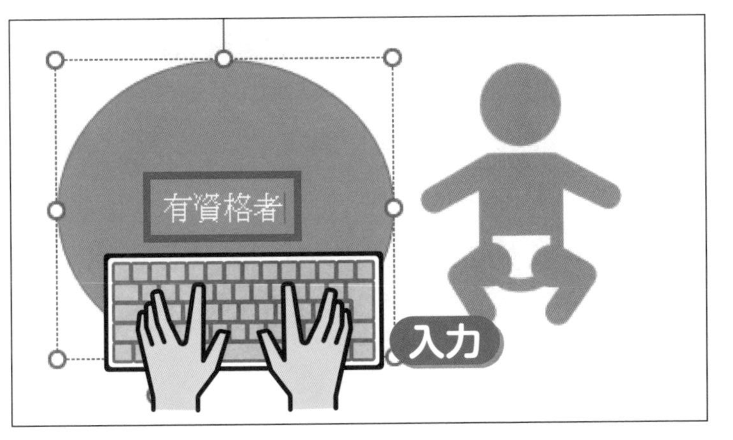

「有資格者」と

入力します。

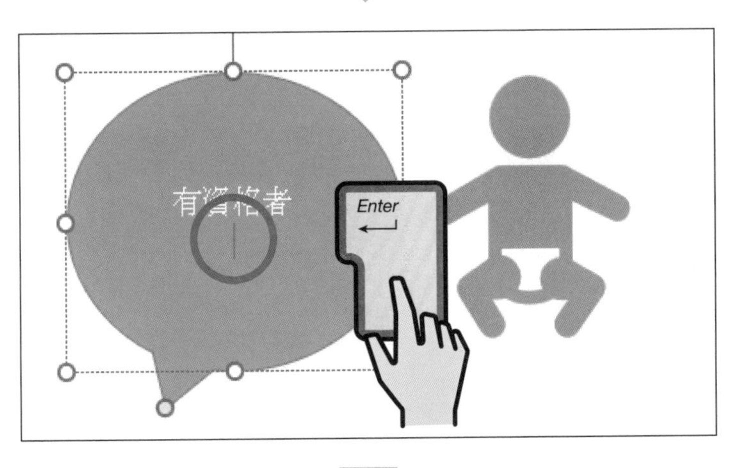

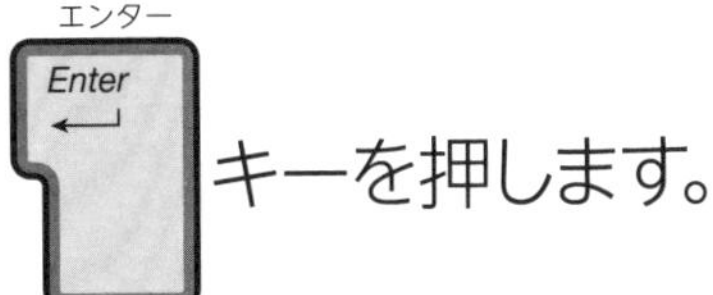
キーを押します。

図形の中で
改行されます。

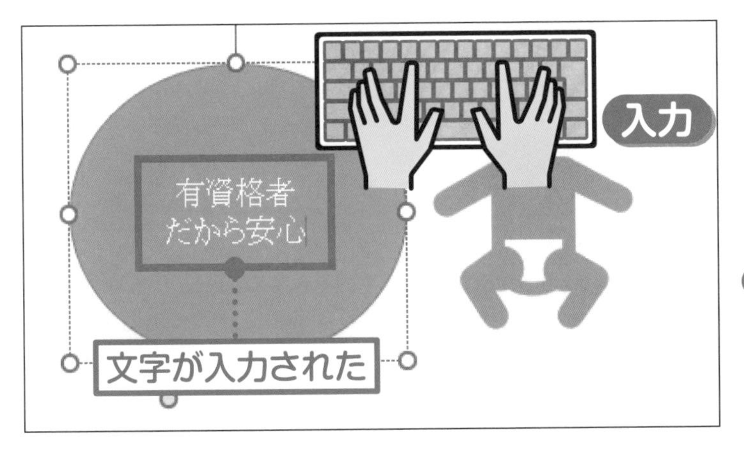

続けて
「だから安心」と

入力します。

ポイント

入力が終わったら、図形の枠の外を左クリックします。

04 » 図形のサイズや位置を変更しよう

図形のサイズを変更し、適切な位置に移動する方法を覚えましょう。
ここでは、吹き出しを縮小してから、イラストの近くに移動します。

1 図形のサイズを変更する準備をします

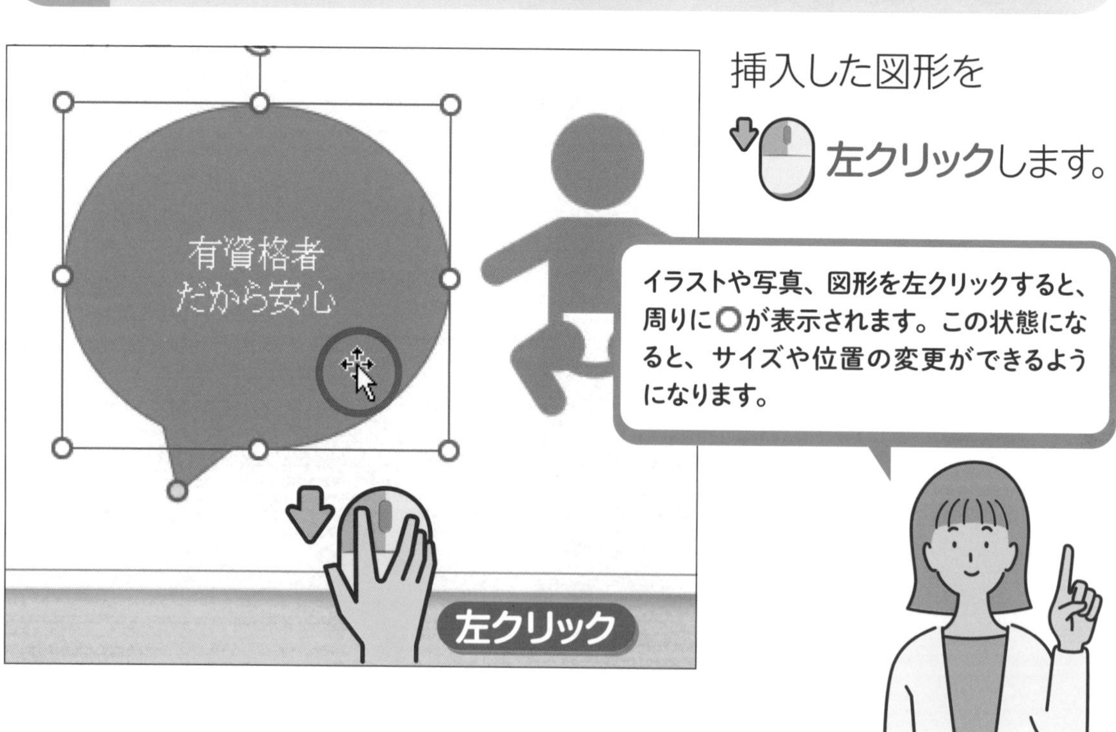

挿入した図形を

左クリックします。

イラストや写真、図形を左クリックすると、周りに○が表示されます。この状態になると、サイズや位置の変更ができるようになります。

2 図形のサイズを変更します

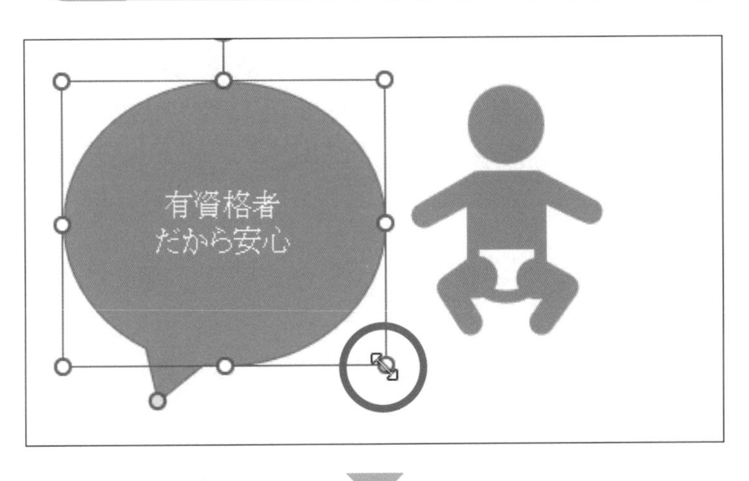

右下の○に

カーソル

を移動すると、

に変わります。

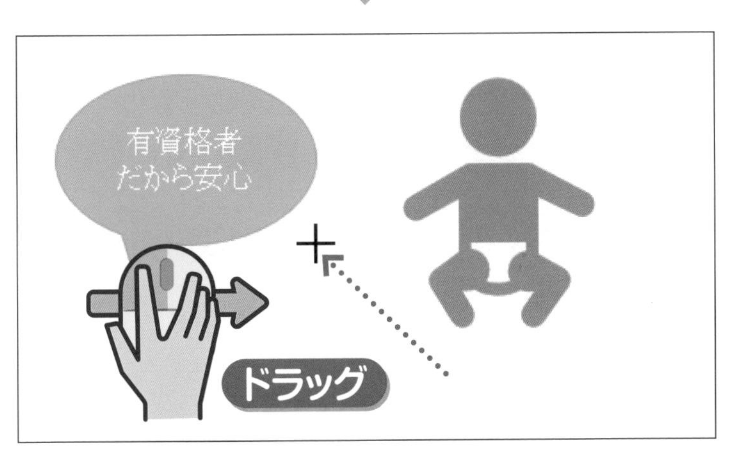

そのまま左上へ

ドラッグします。

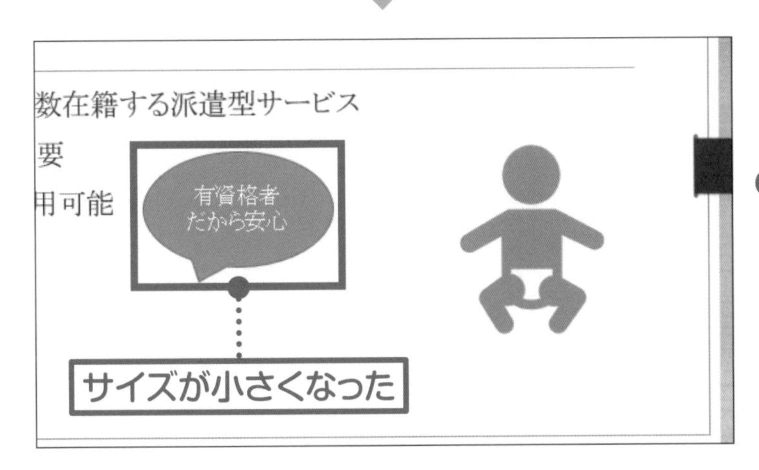

図形が

小さくなりました。

ポイント

右下方向にドラッグすると、図形が大きくなります。

3 図形を移動します

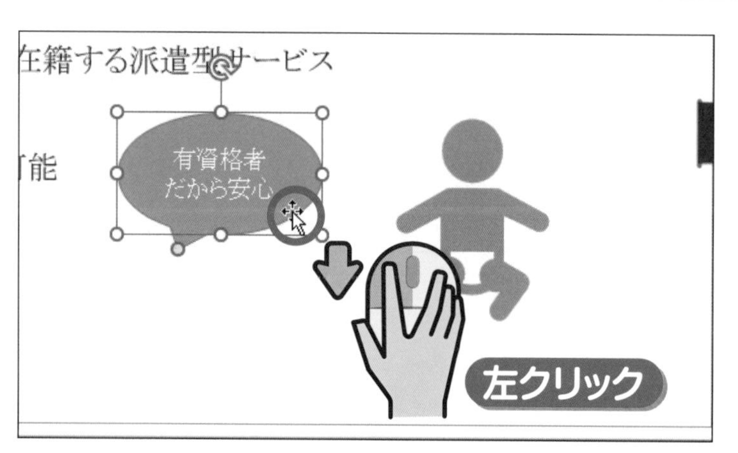

図形を

左クリックします。

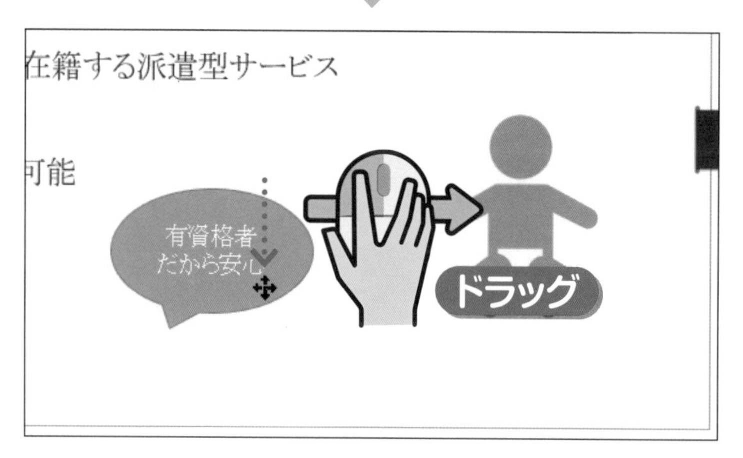

図形の中に

カーソル を移動して、

移動したい場所まで

ドラッグします。

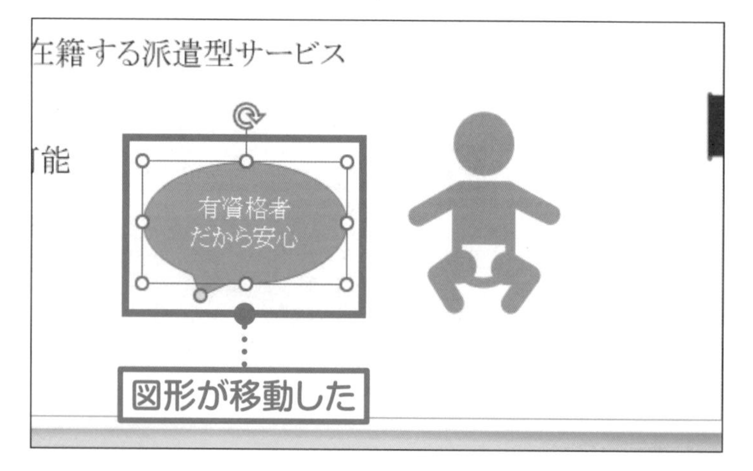

図形が移動しました。

4 図形の一部を変形します

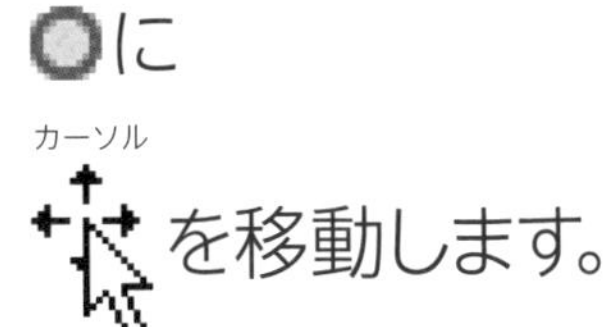

◯に

カーソル を移動します。

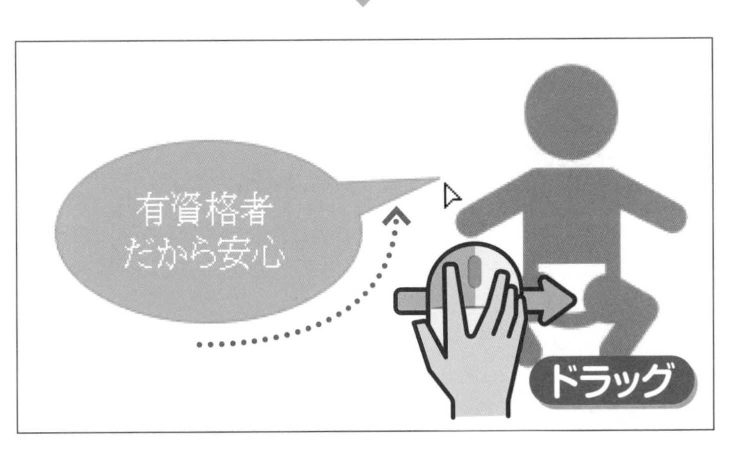

カーソル が になったら、

イラストに向けて

ドラッグします。

吹き出しの位置が
変更されました。

ポイント

図形を左クリックすれば、図形の中の文字を通常の文字と同じ方法で、修正、削除することができます。

05 » 図形の色を変更しよう

図形の色は、スライドのデザインに合わせて自由に変えられます。
ここでは、図形の塗りつぶしの色を変更する方法を覚えましょう。

操作

1 図形の色を変更する準備をします

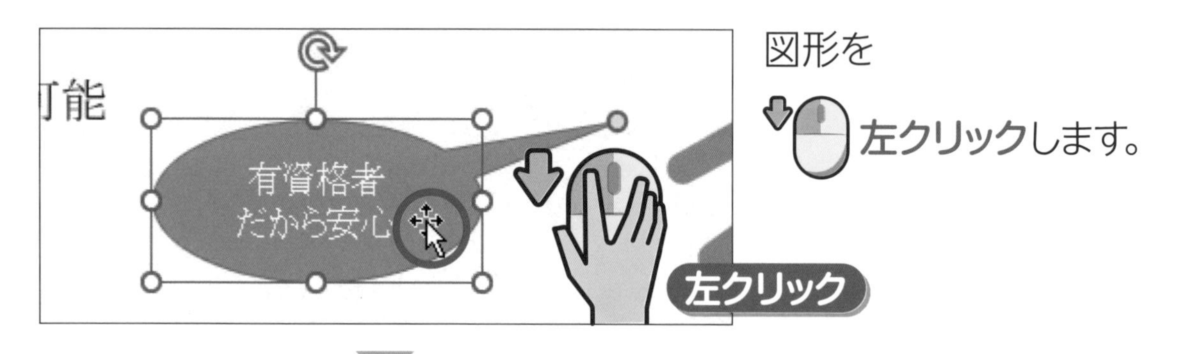

図形を左クリックします。

図形の書式 を左クリックします。

2 図形の色を変更します

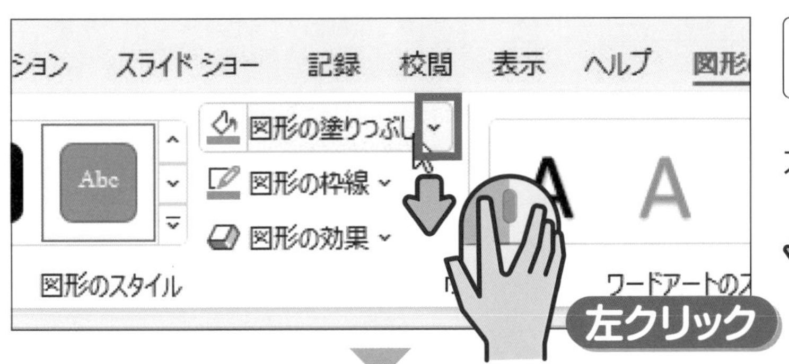

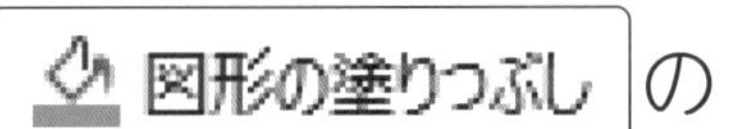

の

右側の ⌄ を

設定したい色を

ポイント
ここでは、「赤、アクセント4」を選択しています。

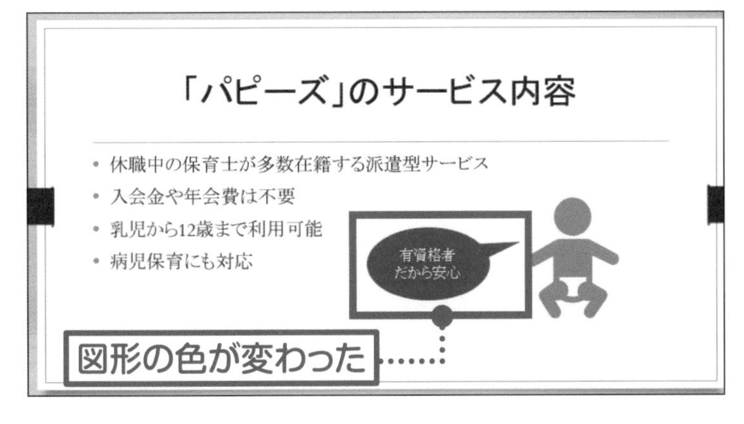

図形の色が
変更されました。

ポイント
68ページの方法で上書き保存し、パワーポイントを終了します。

第7章

練習問題

1 図形の中の色を変更するボタンはどれですか?

❶ 図形の塗りつぶし ⌄　❷ 図形の効果 ⌄

❸ 図形の枠線 ⌄

2 スライドに図形を挿入するボタンはどれですか?

❶　❷　❸

3 図形に入力した文字についての説明で正しいものはどれですか?

❶ 図形内の文字は改行できない
❷ 図形内の文字は修正できる
❸ 図形内の文字は太字や斜体にできない

第8章

8 SmartArtを作成しよう

この章で学ぶこと

- SmartArtとはなんですか?
- SmartArtを作成できますか?
- SmartArtに文字を入力できますか?
- SmartArtに図形を追加できますか?
- 図形内で改行できますか?

01 » この章でやること ～SmartArtの作成

ビジネスでよく使う図は、SmartArt（スマートアート）を利用しましょう。
この章では、スライドにSmartArtを作成する方法を学びます。

 SmartArtってなに?

SmartArtとは、プレゼンテーションに役立つ図版を
短時間で見栄えよく作る機能です。
SmartArtには、リスト、循環図、組織図など、
さまざまな種類の図が用意されています。

ご利用までの流れ

お申込み  お見積り  ご契約  ご利用開始

ここでは、図のようなSmartArtで流れ図を作ります!

SmartArtを作成する手順

スライドにSmartArtを作成する手順は次のとおりです。

❶ 図版の種類を選ぶ

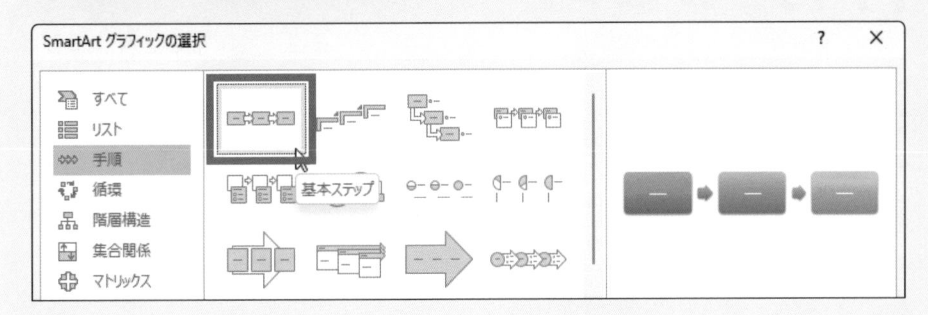

❷ スライドに挿入する

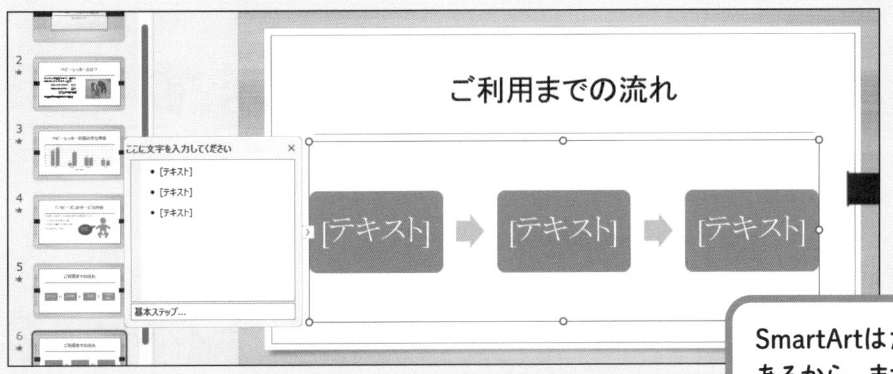

SmartArtはたくさんの種類があるから、まずは本書で解説するものをマスターしてください。

❸ 文字を入力する

ご利用までの流れ

お申込み → お見積り → ご契約

02 » SmartArtを作成しよう

SmartArtには、リスト、手順など、たくさんの種類があります。
ここでは、一連の流れを示す「基本ステップ」のSmartArtを作成します。

1 SmartArtを作成する準備をします

38ページの方法で「提案資料」を開きます。
56ページの方法で、スライド5を選択しておきます。

下のプレースホルダーの SmartArt に カーソル を移動して、左クリックします。

2 SmartArtを作成します

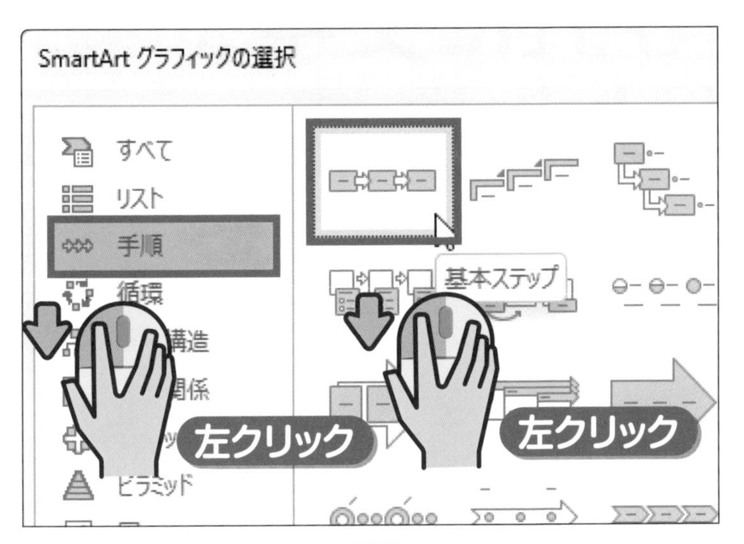

左側の分類で

手順 を

左クリックして、

基本ステップ を

左クリックします。

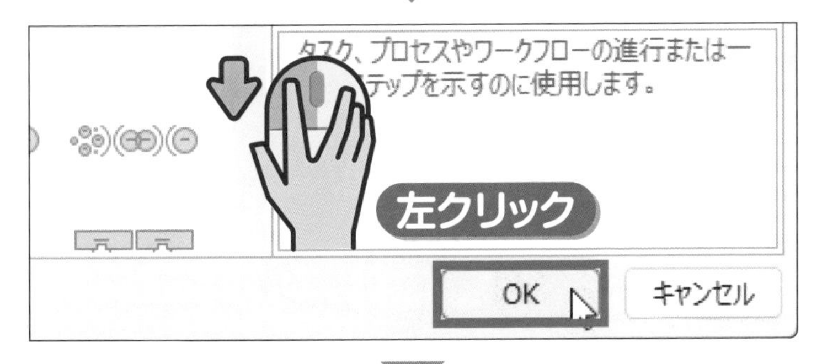

OK を

左クリックします。

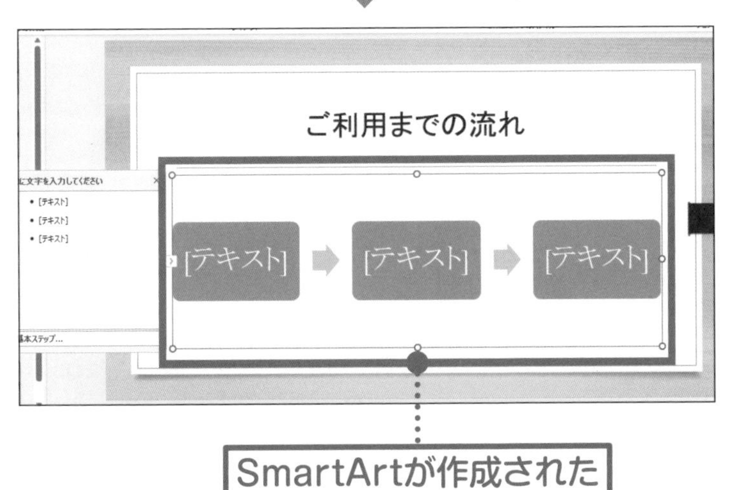

SmartArtが作成された

SmartArtが
作成されました。

03 » SmartArtに文字を入力しよう

作成したSmartArtは、文字を入力すれば完成します。
ここでは、文字を入力する方法を覚えましょう。

入力 ▶P.016

1 文字を入力する準備をします

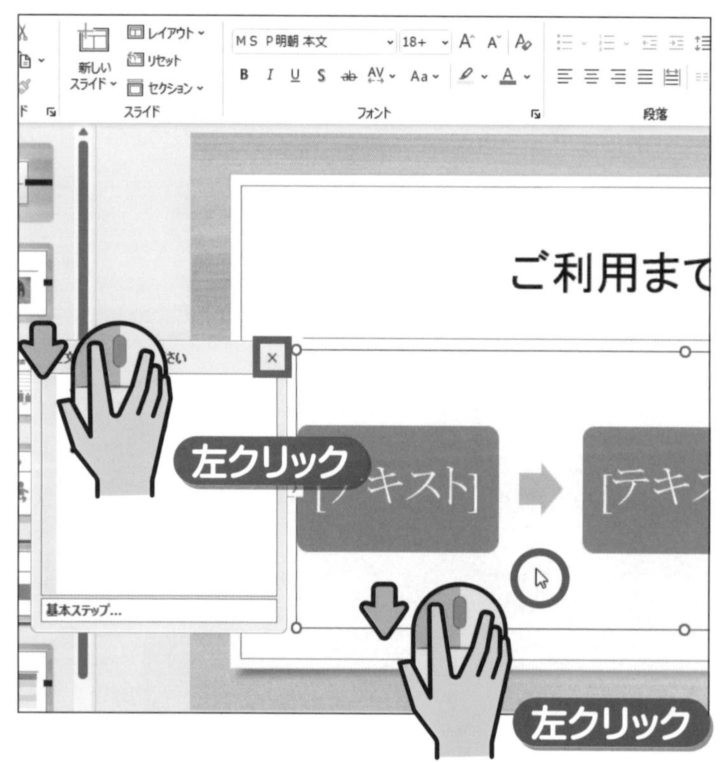

SmartArtを

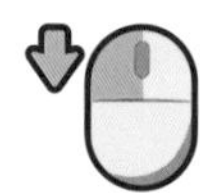

左クリックして、

左の小さい画面の

閉じる ✕ を

左クリックします。

ポイント

左の小さい画面が表示されない場合、次の手順に進みます。

2 文字を入力します

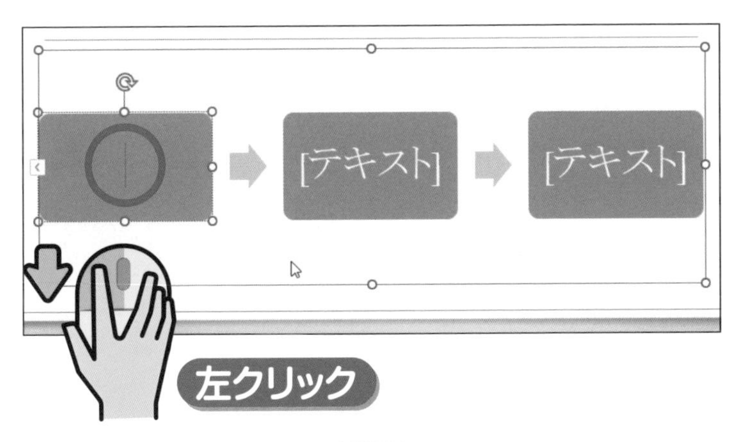

左端の図形の中を

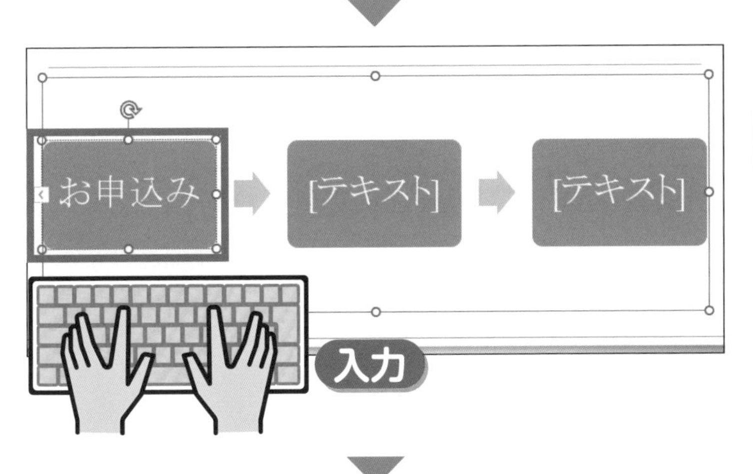

「お申込み」と

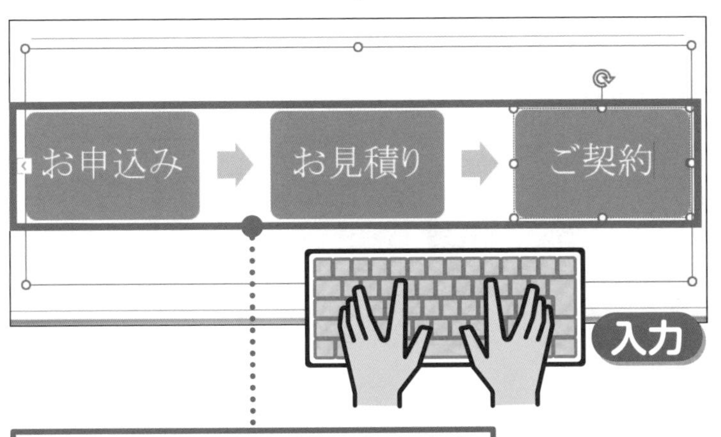

SmartArtに文字が入力された

同様に、
ほかの図形に文字を

入力します。

04 » SmartArtに図形を追加しよう

文字を入力する図形は、必要に応じて追加や削除ができます。
ここでは、「ご契約」の右に図形を追加しましょう。

操作

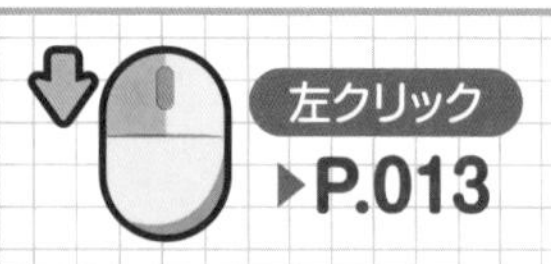

1 追加したい位置にある図形を選択します

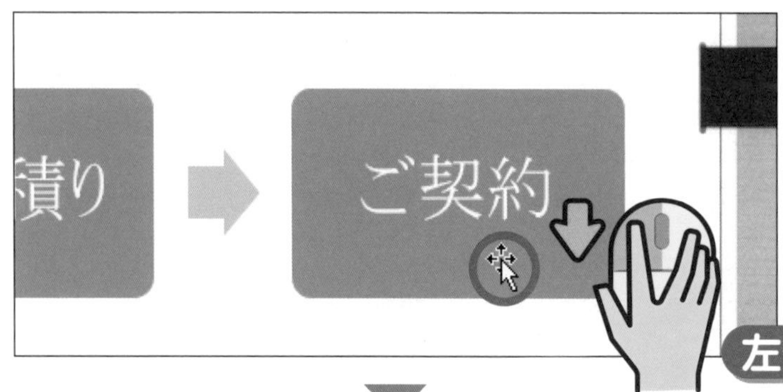

「ご契約」の図形を

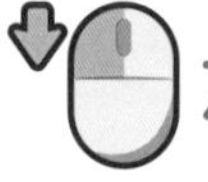
左クリックします。

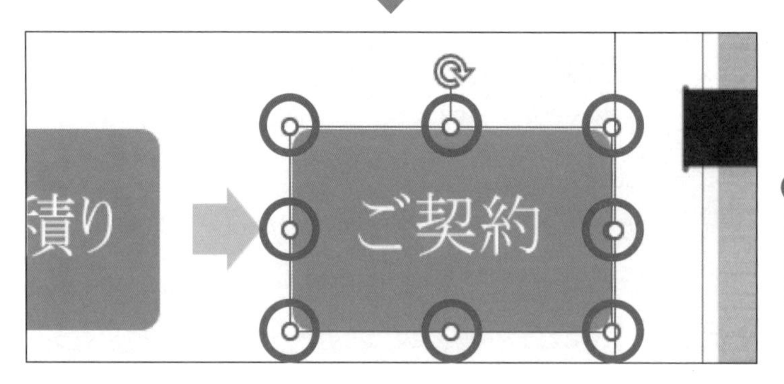

図形の周囲に○が表示されます。

ポイント

左クリックした図形の右隣りに図形を追加します。

2 図形を追加します

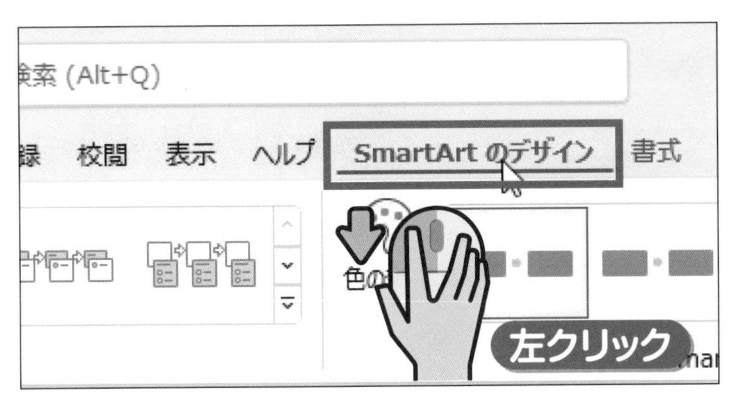

を

左クリックします。

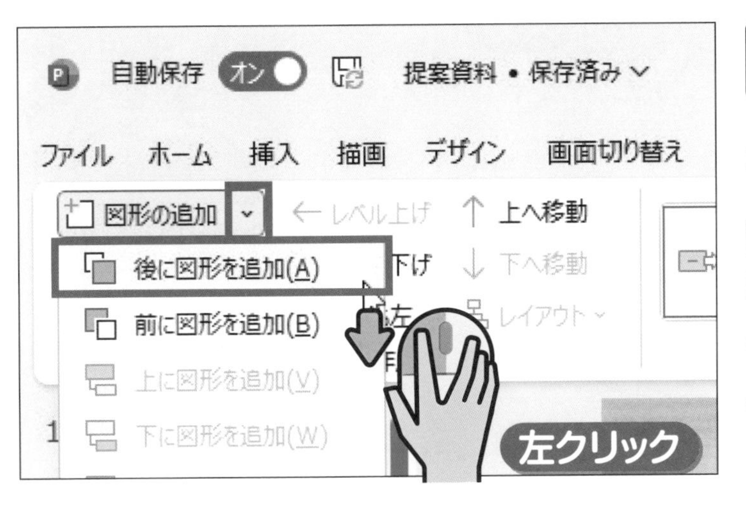

図形の追加 の

右側の ⌄ →

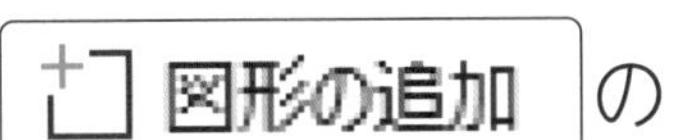

の順に

左クリックします。

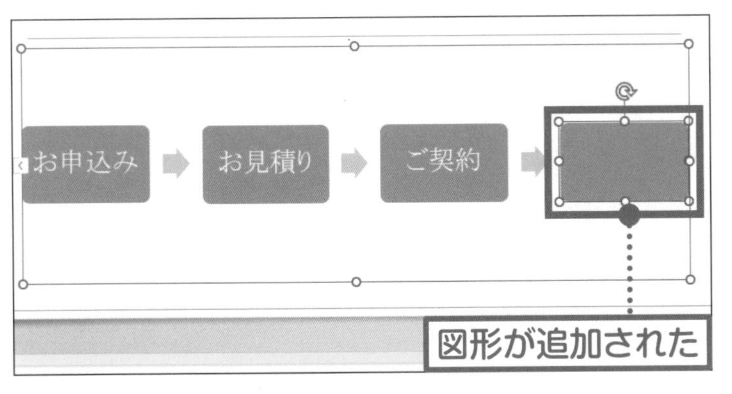

「ご契約」の右に、
新しい図形が
追加されました。

3 文字を入力します

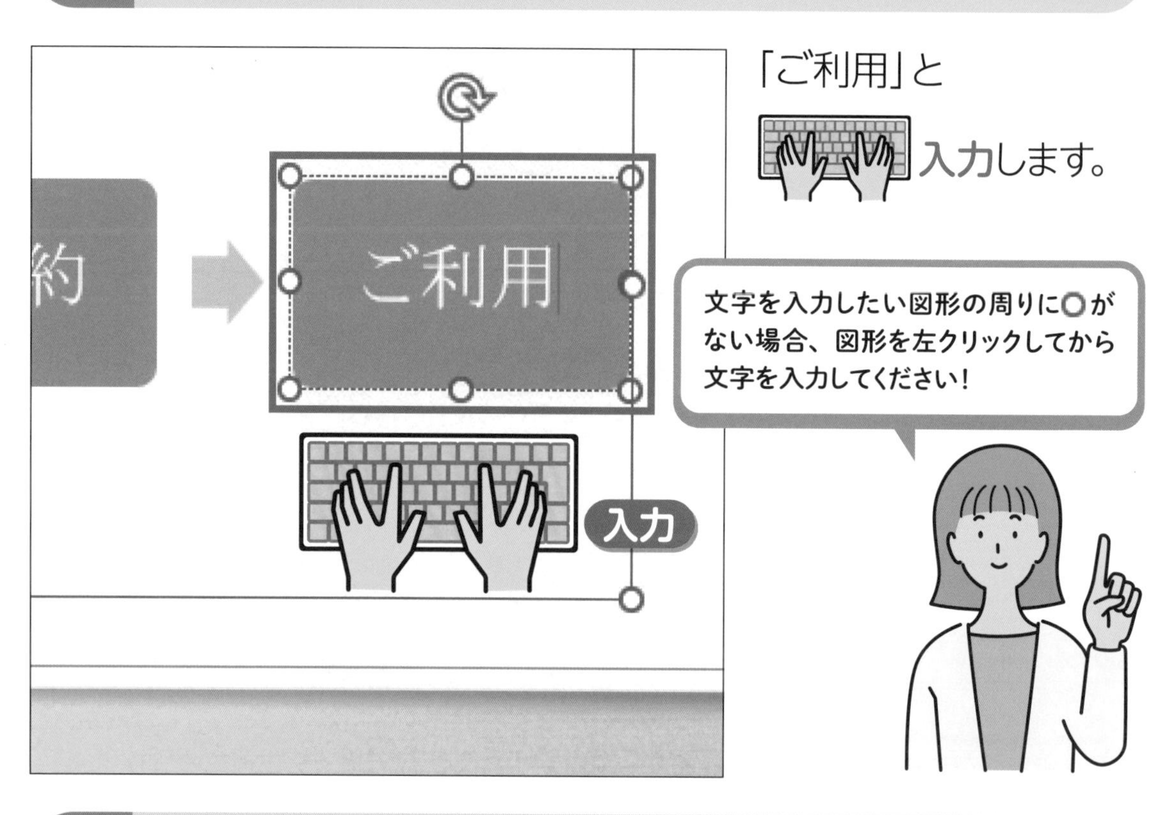

「ご利用」と入力します。

4 図形内で改行します

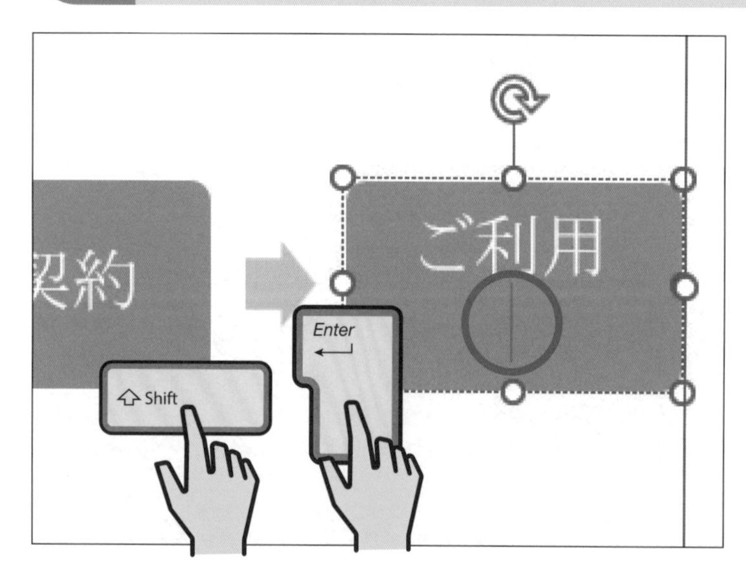

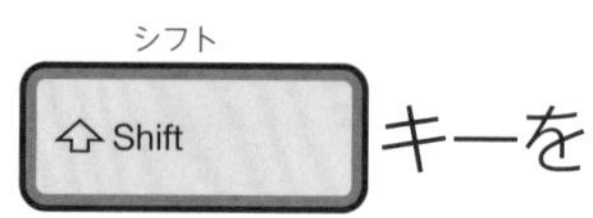

キーを押しながら

キーを押します。

図形内で改行されます。

5 続きの文字を入力します

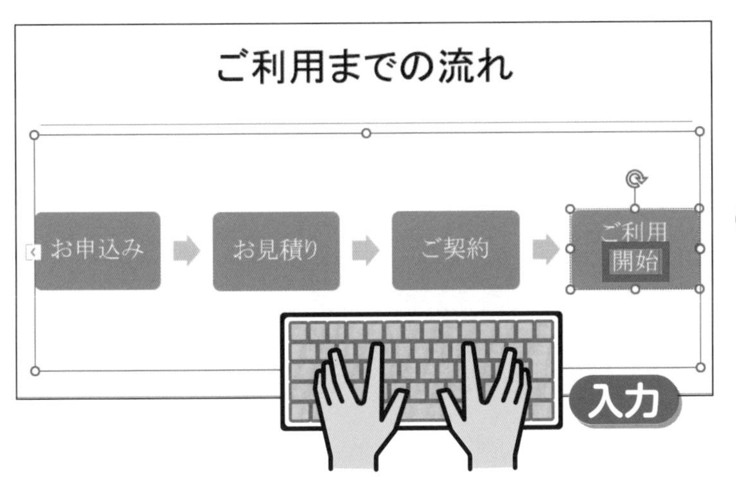

「開始」と

入力します。

ポイント

68ページの方法で上書き保存し、パワーポイントを終了します。

コラム

図形を削除するには

まず、削除したい図形の中を左クリックします。

周囲に○が表示されたら点線の枠の上にカーソルを移動して、もう一度左クリックします。

枠が実線に変わったら、

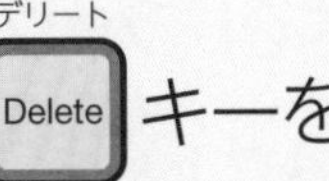

デリート Delete キーを押します。

第8章

練習問題

1 スライドにSmartArtを作成するボタンはどれですか?

❶ 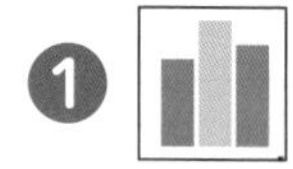　❷ 　❸ 

2 下のSmartArtの「B」を選択した状態で、
［前に図形を追加(B)］を左クリックしたときの結果はどれですか?

❶ A B □ C

❷ □ A B C

❸ A □ B C

3 SmartArtについての説明で誤っているものはどれですか?

❶ SmartArtを使うと、組織図やフローチャートを
スライドに作成できる

❷ SmartArtを作成するには、種類を選んでから
スライドでドラッグする

❸ SmartArtの不要な図形は、Delete(デリート)キーを使って
削除できる

第9章

9 アニメーションを利用しよう

この章で学ぶこと

- スライドの切り替えに動きをつけられますか?
- 箇条書きを1項目ずつ表示できますか?
- 文字の表示方向を変更できますか?
- 写真の表示に動きをつけられますか?
- グラフの表示に動きをつけられますか?

01 » この章でやること ～動きをつける

スライドに動きをつけると、注目を集めたり、重要な部分を強調できます。
この章では、スライドに動きをつける2つの方法を学びましょう。

画面切り替え効果ってなに?

画面切り替え効果とは、
スライドが表示されるときに動きをつける機能です。
スライドへの切り替えが流れるように行われ、
発表にスタイリッシュな印象を与えることができます。

 アニメーションってなに?

アニメーションとは、文章、写真、グラフなど、
スライドの要素に個別に動きをつける機能です。
発表の場で、**強調したい箇所**に設定しましょう。
なお、対象によって、設定できる動きの内容が異なります。

● 文字に設定するアニメーション

箇条書きを1項目ずつ表示させることなどができます。

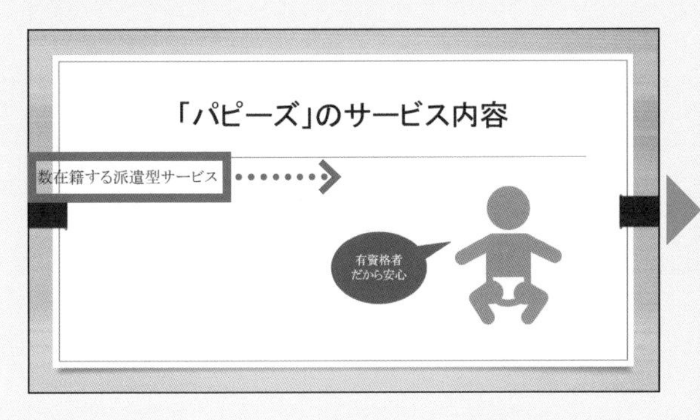

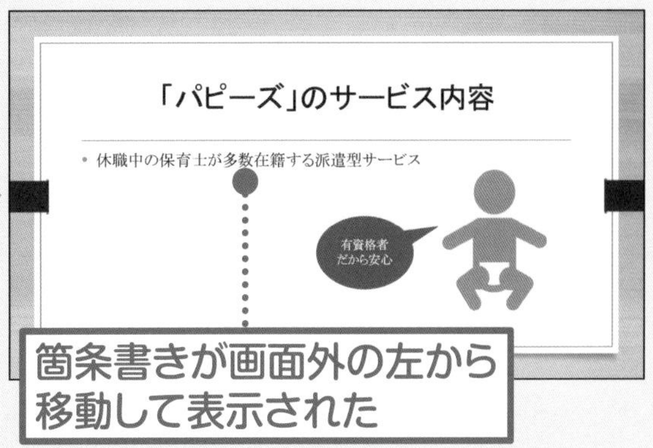

● グラフに設定するアニメーション

棒を色別に表示させることなどができます。

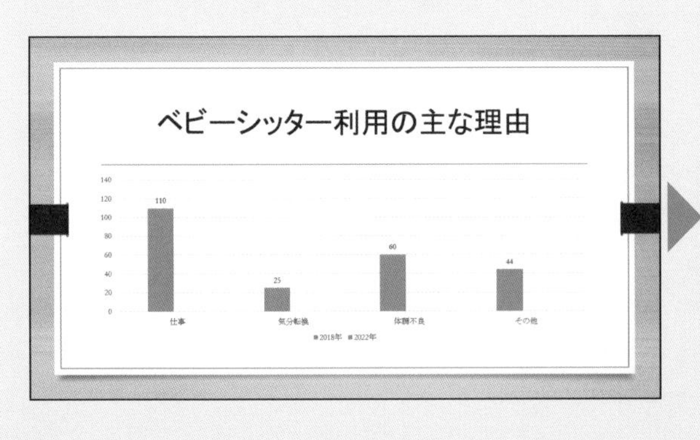

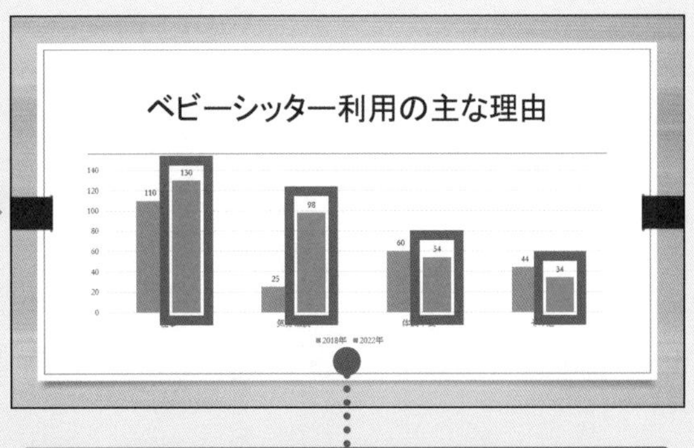

濃い緑の棒があとから表示された

02 » スライド切り替え時に動きをつけよう

画面切り替え効果では、スライドが表示されるときに動きをつけられます。
ここでは、「キューブ」という画面切り替え効果を設定します。

操作

1 画面切り替え効果を設定する準備をします

38ページの方法で、「提案資料」を開きます。
56ページの方法で、スライド1を選択します。

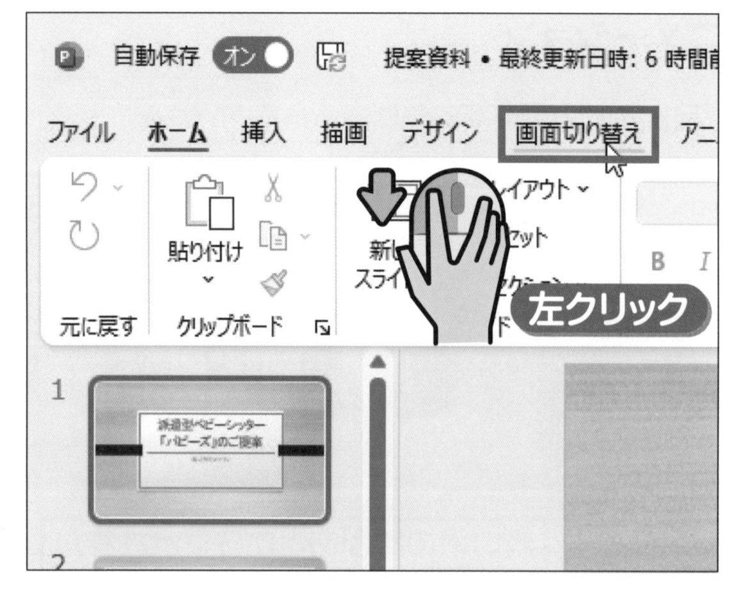

を

左クリックします。

2 画面切り替え効果を設定します

「画面切り替え」の

を

左クリックします。

を

左クリックします。

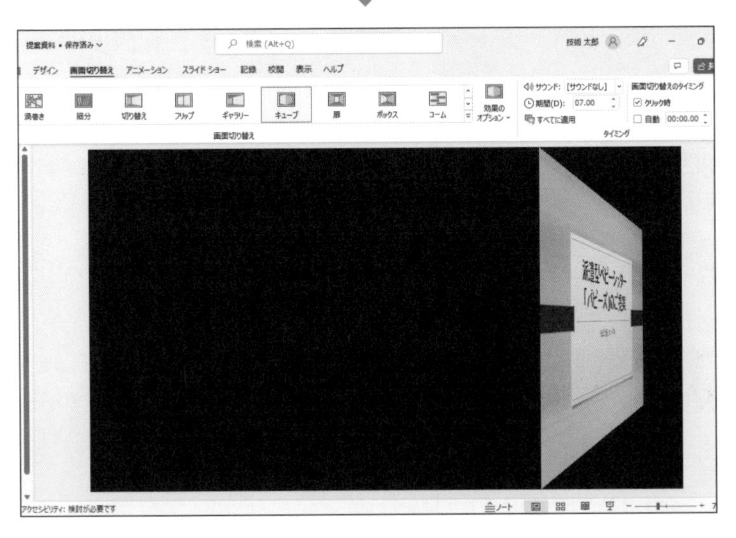

選択した直後に、
「キューブ」の効果で
スライドが
切り替わります。

3 すべてのスライドに設定します

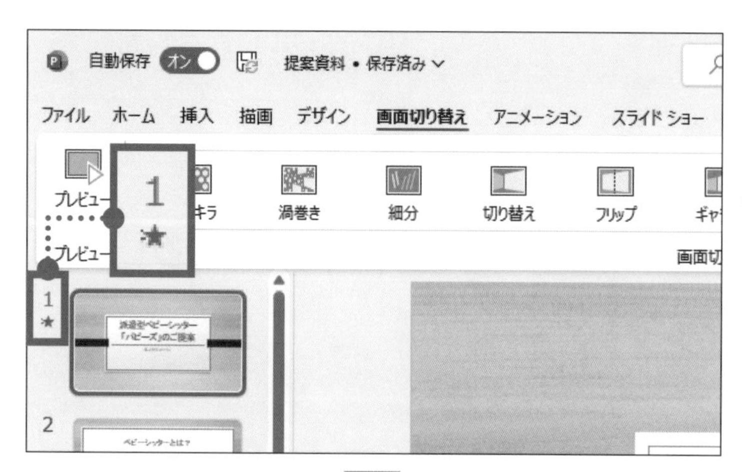

スライド番号１の下に ★ が表示されます。

ポイント

★は、画面切り替え効果やアニメーションが設定されたスライドに表示されます。

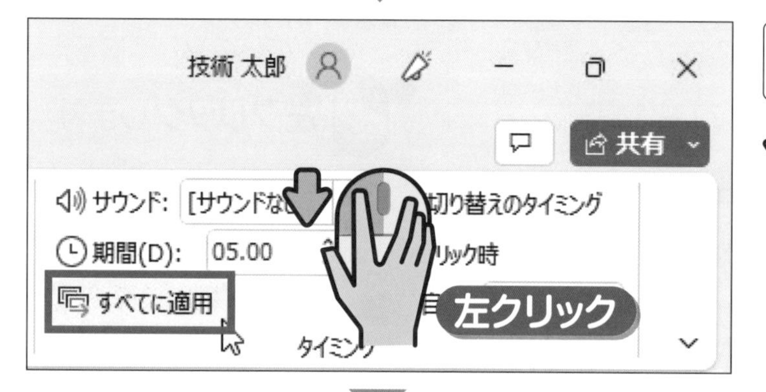

すべてに適用 を 左クリックします。

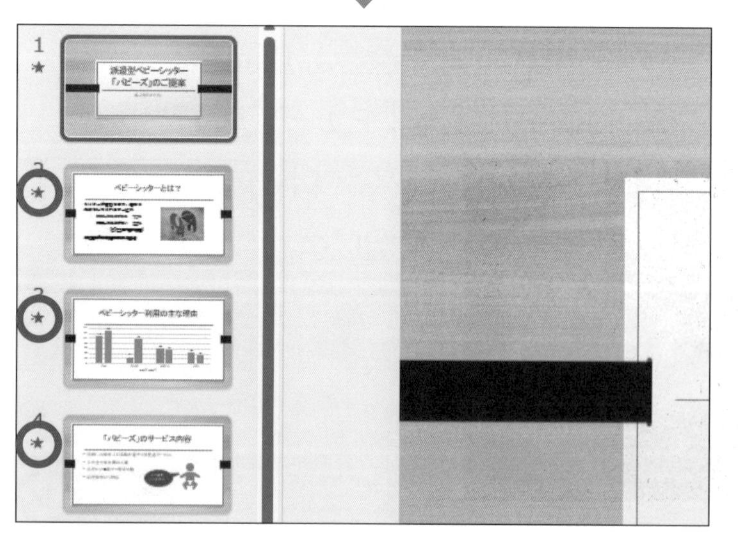

ほかのスライドにも同じ効果が設定され、★ が追加されます。

コラム

画面切り替え効果を削除するには

画面切り替え効果を削除するには、176ページの方法でスライド1を選択し、効果の一覧を表示します。

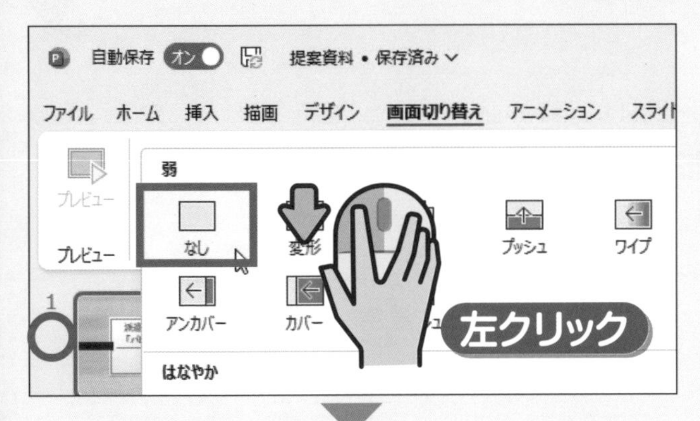

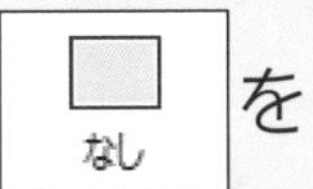

を

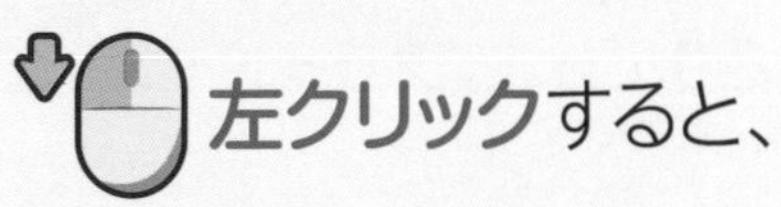

スライド1の ★ が消えます。

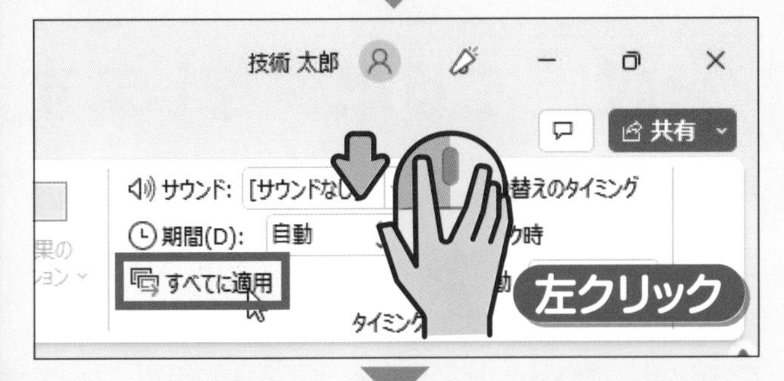

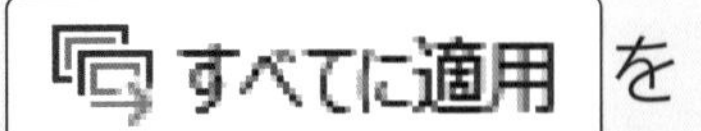

を

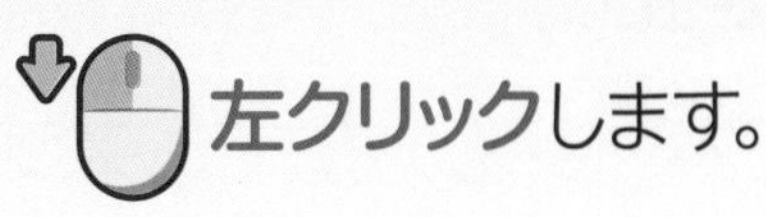

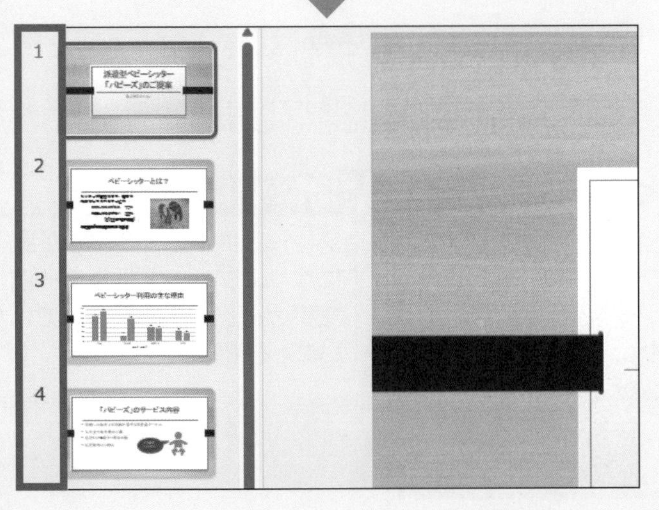

すべてのスライド番号の ★ が消えます。

切り替え効果が削除されます。

03 » 箇条書きを1項目ずつ表示しよう

文章にアニメーションを設定する方法を覚えましょう。
ここでは、「スライドイン」を設定し、箇条書きの項目を1つずつ表示します。

操作

1 アニメーションを設定する準備をします

56ページの方法で、スライド4を選択します。

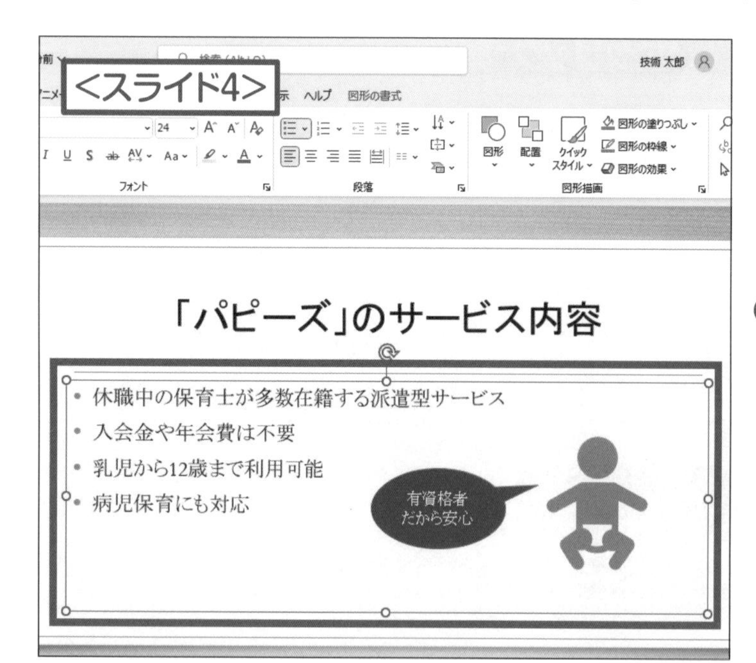

75ページの方法で箇条書きのプレースホルダーを選択します。

ポイント

プレースホルダーの枠線が実線になり、プレースホルダー内に文字カーソルが表示されていないことを確認しましょう。

2 アニメーションの一覧を表示します

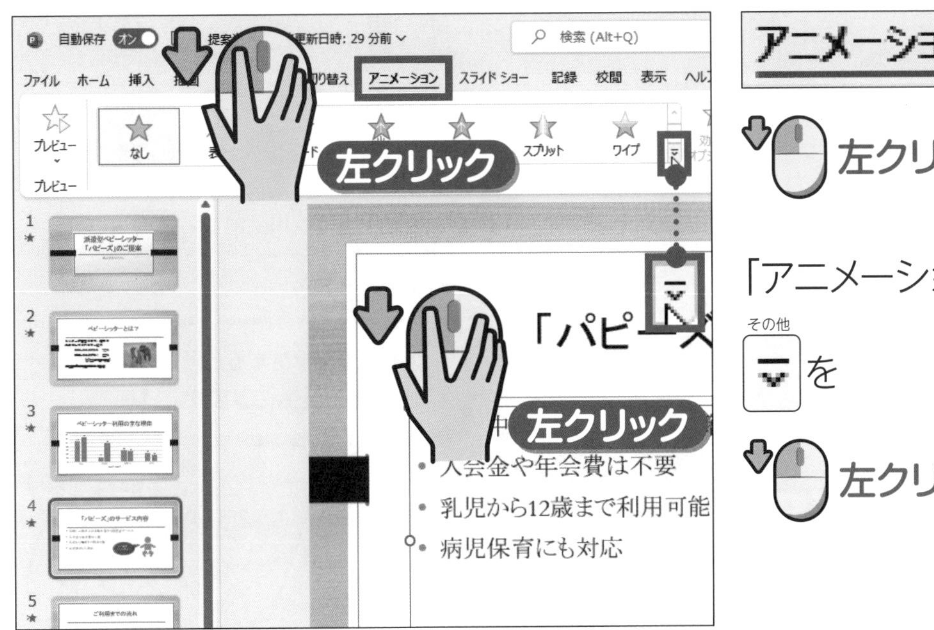

アニメーション を

「アニメーション」の

その他

を

左クリックします。

3 アニメーションの種類を選択します

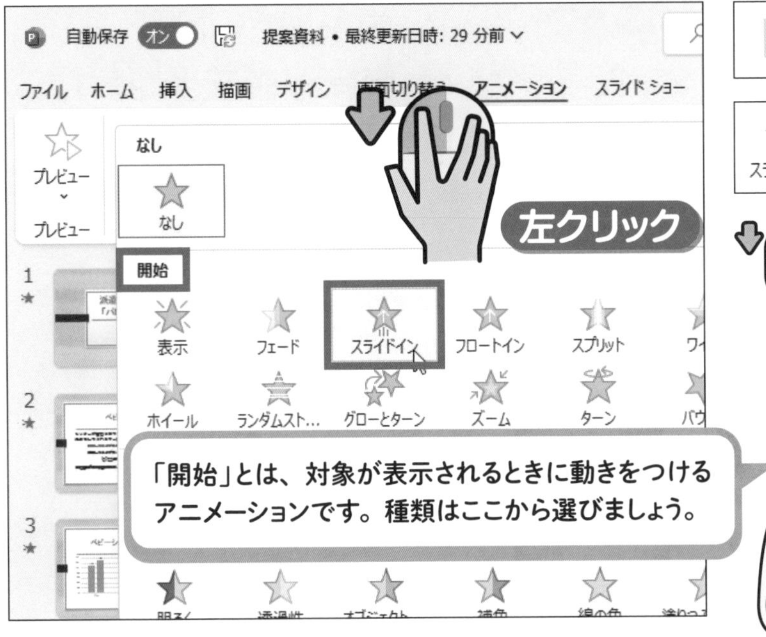

開始 の中から

を

4 アニメーションの動きを確認します

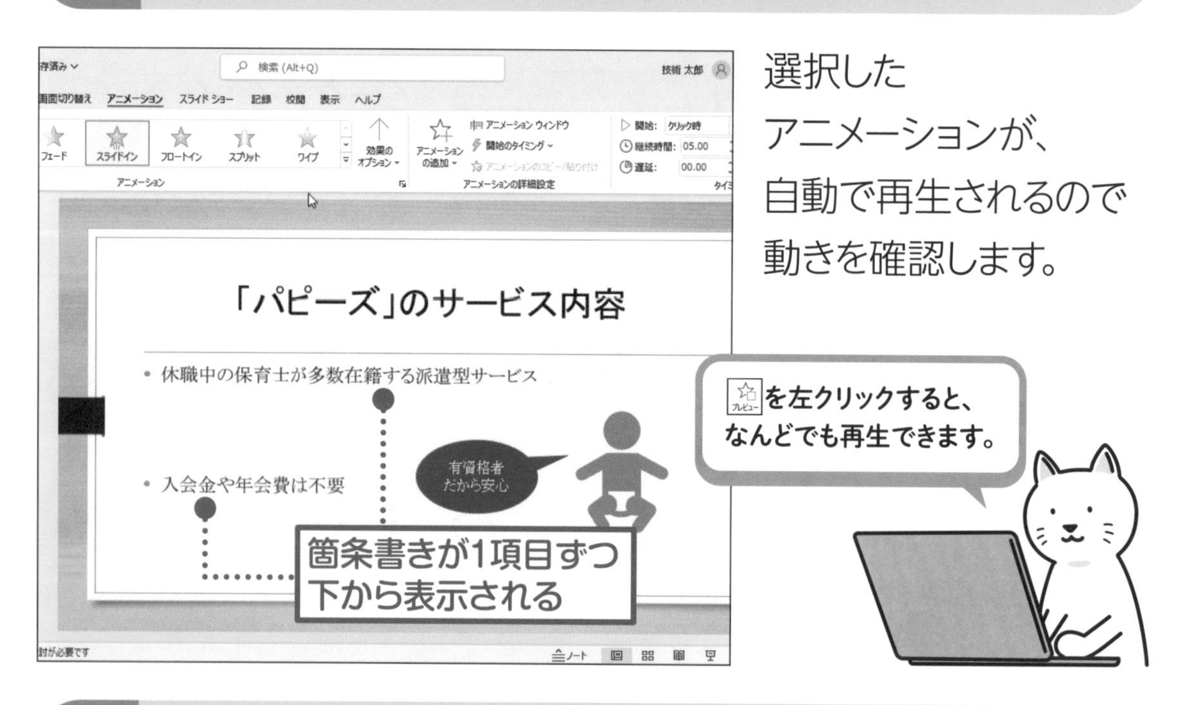

選択した
アニメーションが、
自動で再生されるので
動きを確認します。

5 アニメーションが設定されました

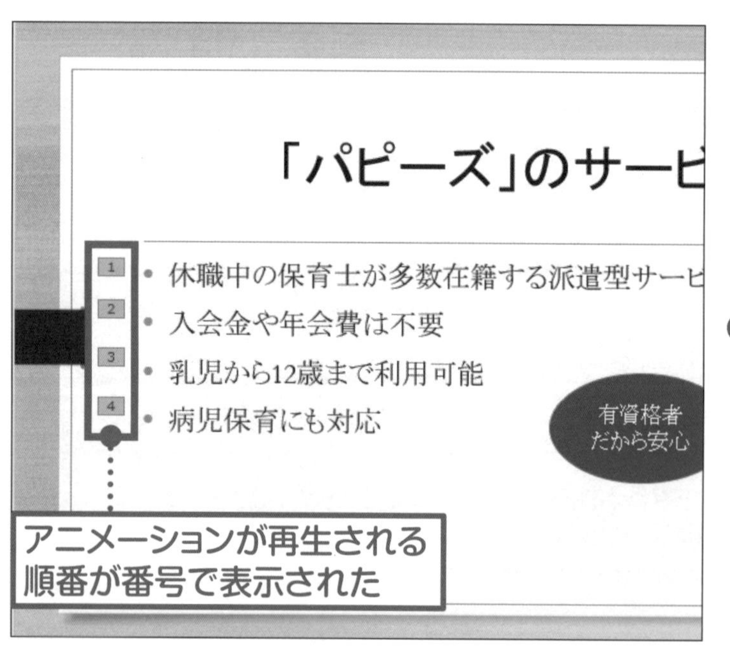

箇条書きの段落に
番号が表示されます。

アニメーションが
設定されました。

ポイント

段落に表示された 1 2 3 4 は、アニメーションが再生される順番です。

コラム

アニメーションを削除するには

設定したアニメーションを削除するには、180ページの方法で、プレースホルダーを選択し、アニメーションの一覧を表示します。

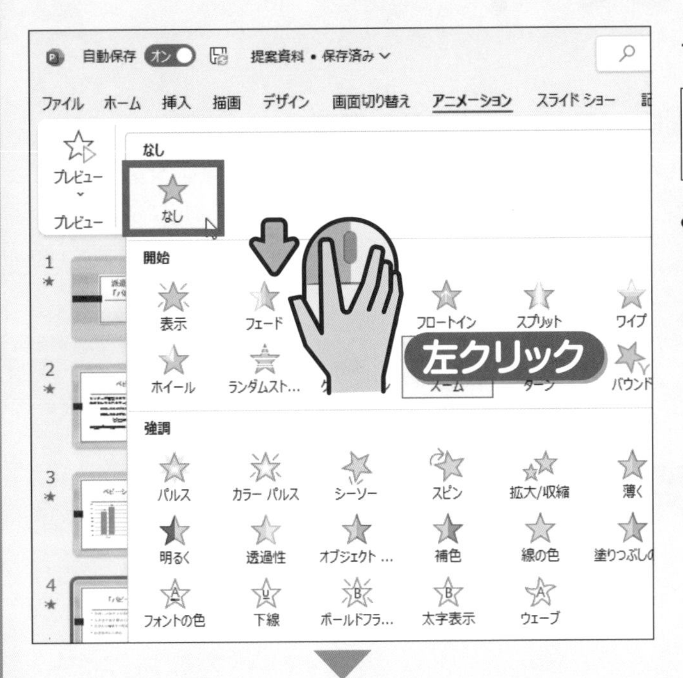

一覧から

を左クリックします。

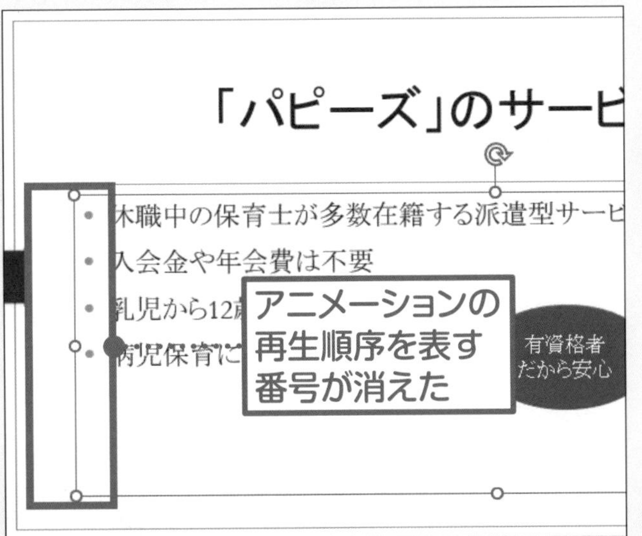

アニメーションが削除されます。

ポイント

段落に表示されていた 1 2 3 4 が消えます。

04 » 文字の表示方向を変更しよう

設定したアニメーションの詳細は、あとから変更できます。
ここでは、181ページで設定した「スライドイン」の方向を変更します。

操作

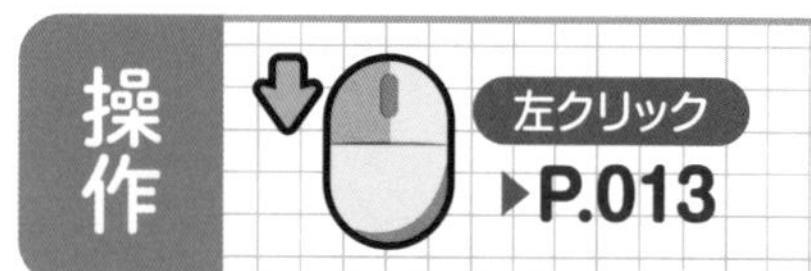

1 表示方向を変更する準備をします

56ページの方法で、スライド4を選択しておきます。

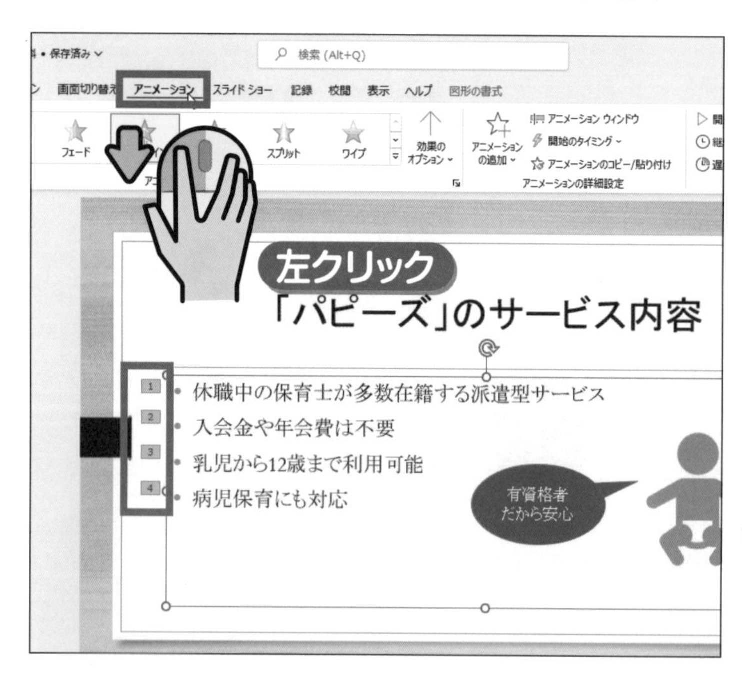

75ページの方法で、箇条書きのプレースホルダーを選択します。

アニメーション を

左クリックします。

ポイント

アニメーションの再生順序を示す番号が表示されます。

2 箇条書きの表示方向を変更します

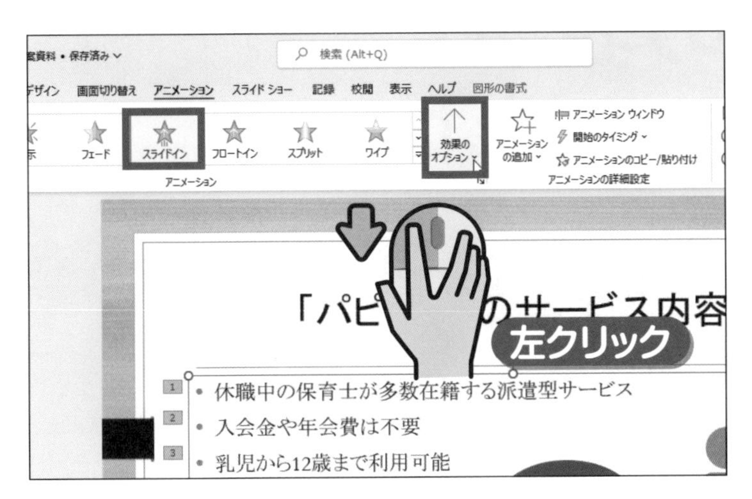

が設定されていることを確認し、を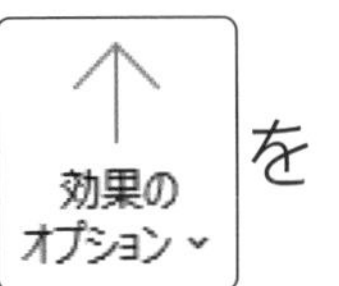左クリックします。

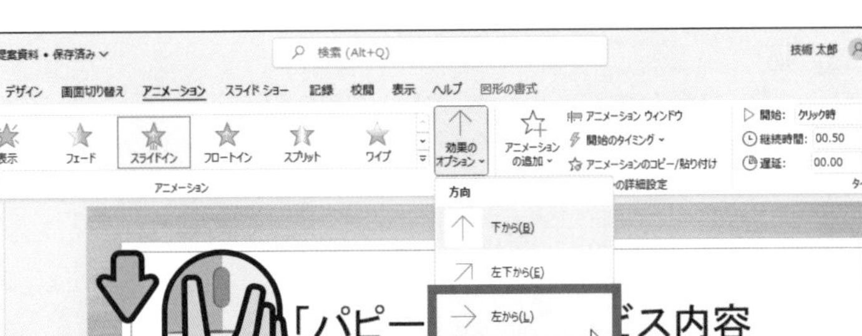

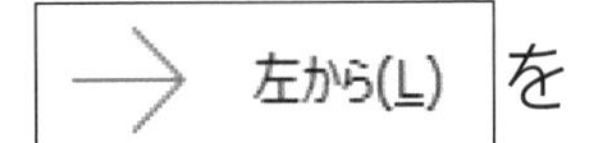を左クリックします。

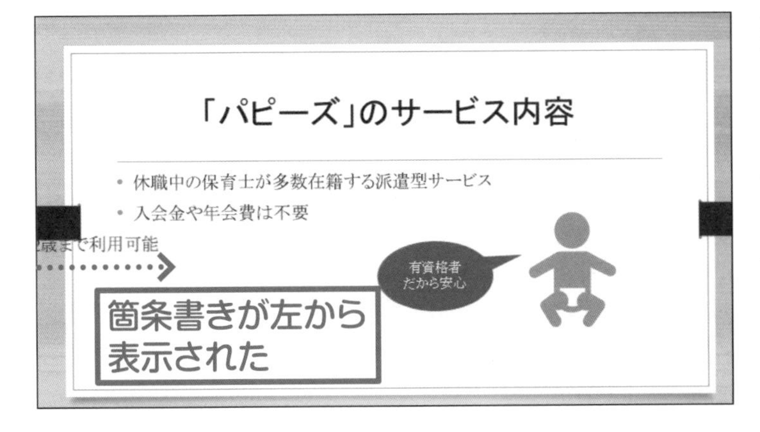

変更後の動きが自動で再生されます。

箇条書きが左から表示されます。

05 » 写真の表示に動きをつけよう

写真やイラストにもアニメーションを設定できます。
ここでは、写真にボールが跳ねるような動き「バウンド」をつけてみましょう

操作

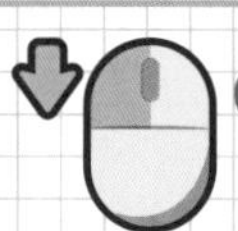

▶P.013

1 アニメーションを設定する準備をします

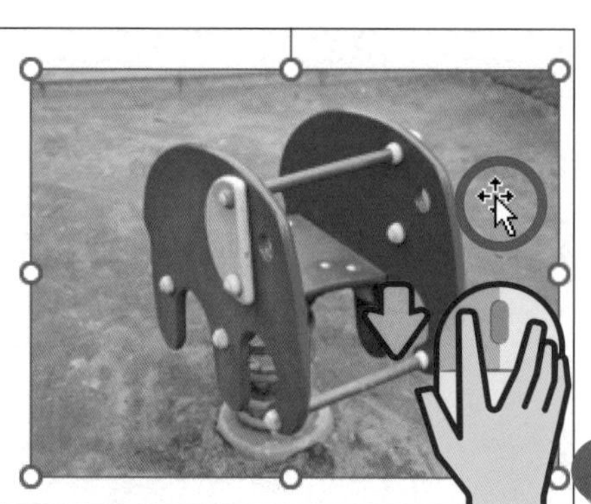

スライド2の写真を

左クリックします。

を

左クリックします。

2 アニメーションを設定します

「アニメーション」の その他  を

左クリックします。

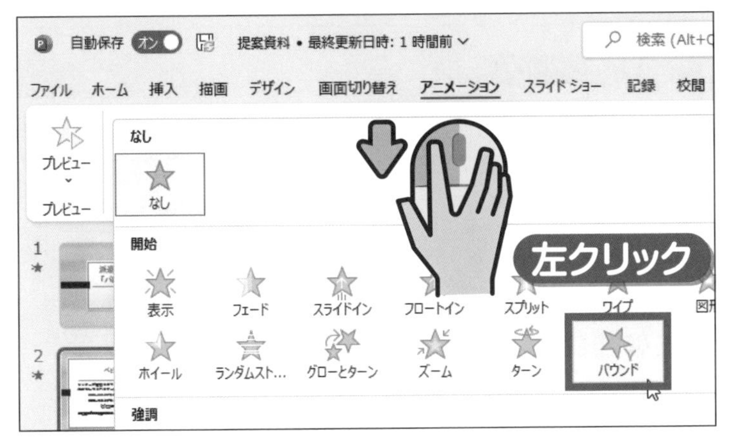

開始 の中から

 を

左クリックします。

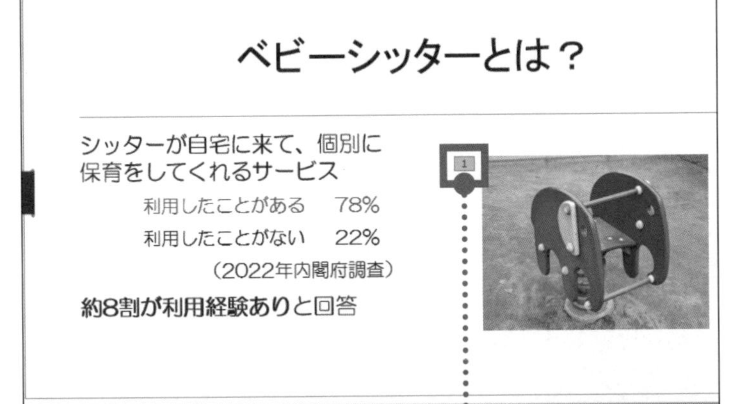

写真に「バウンド」の
アニメーションが
設定されました。

ポイント

アニメーションが自動で再生され、ボールが跳ねるように写真が表示されます。

06 » グラフの表示に動きをつけよう

グラフにアニメーションを設定すると、色や項目で別々に表示できます。
ここでは、「ワイプ」を設定し、棒グラフを色別に表示させてみましょう。

1 アニメーションを設定する準備をします

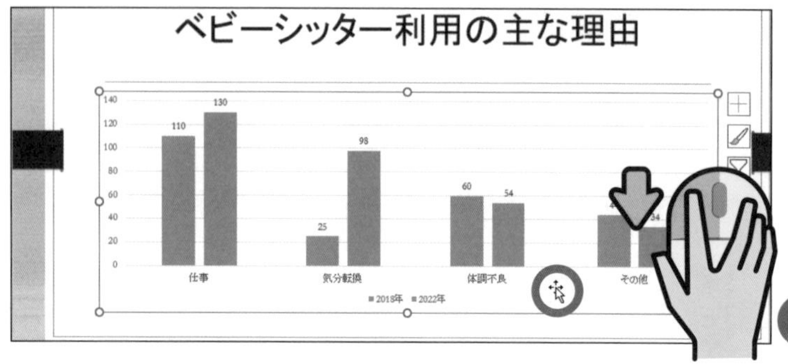

スライド3のグラフを左クリックします。

アニメーションを左クリックします。

2 アニメーションを設定します

「アニメーション」の

その他

を

左クリックします。

開始 の中から

を

左クリックします。

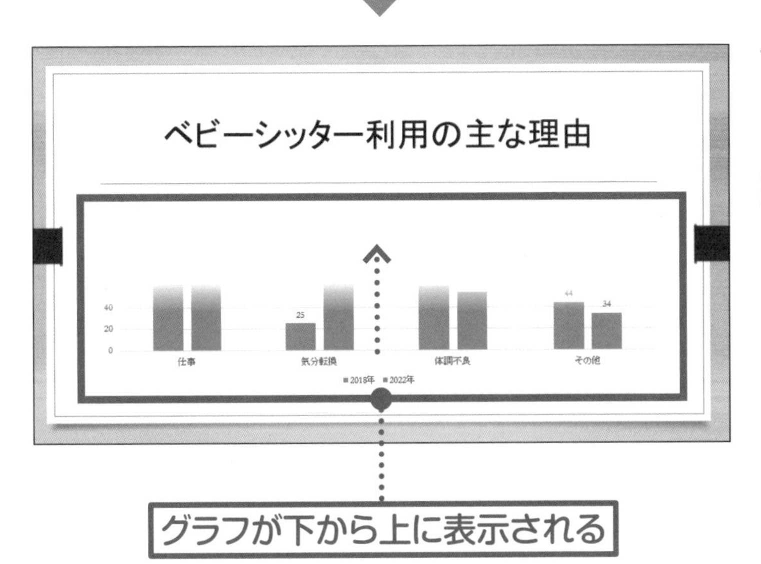

グラフが下から上に表示される

アニメーション
「ワイプ」が設定され、
自動で再生されます。

3 グラフの表示方法を変更します　その1

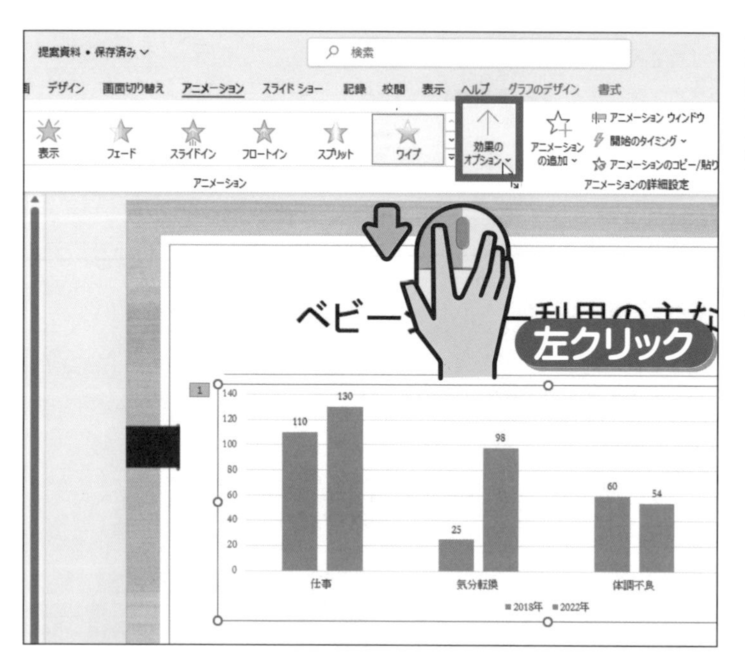

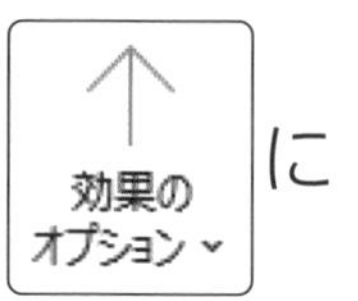

に

カーソルを移動して、

左クリックします。

4 グラフの表示方法を変更します　その2

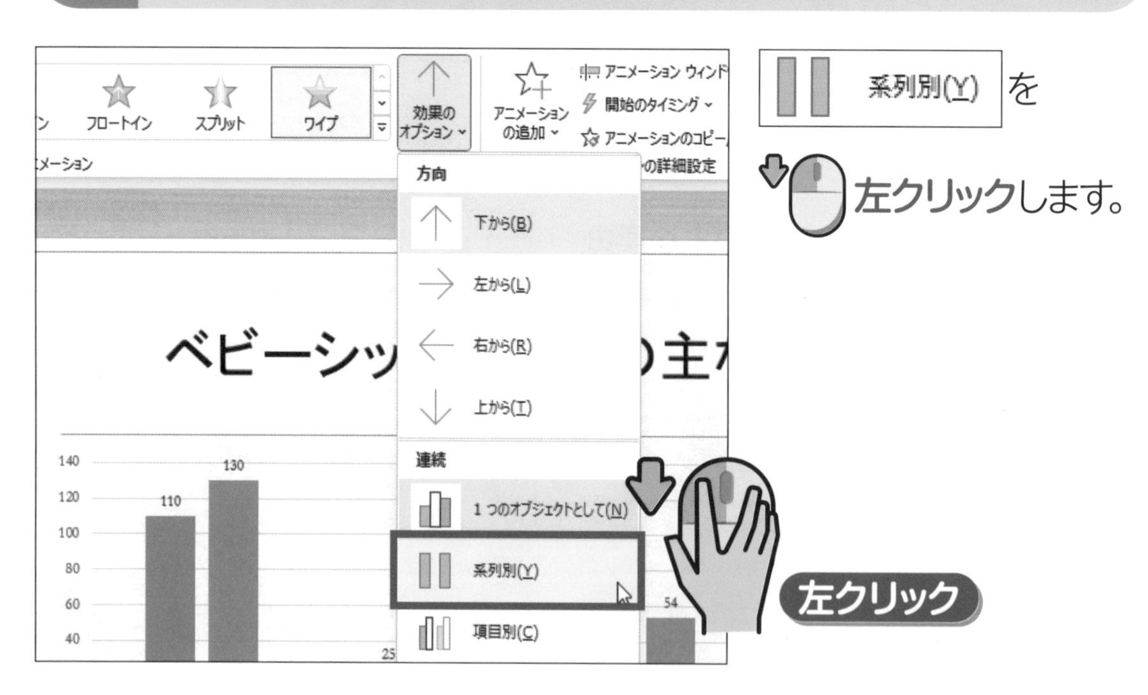

系列別(Y) を

左クリックします。

5 アニメーションの設定が変更されました

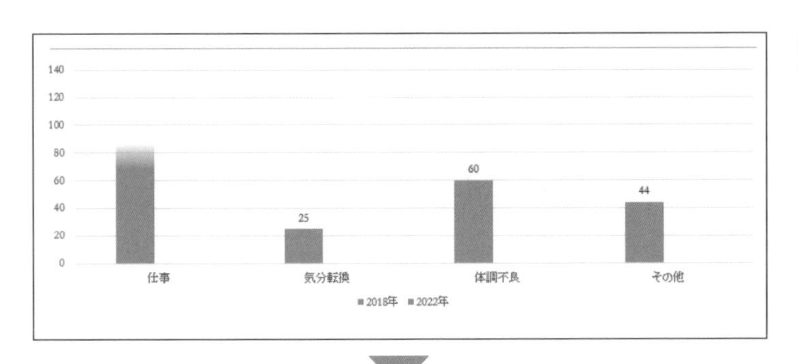

変更後の動きが
自動で再生されます。

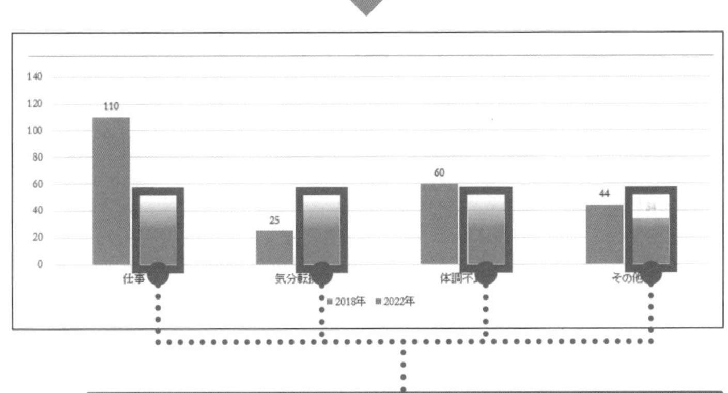

2018年、
2022年の順に、
棒グラフが色別に
表示されます。

棒グラフが色別に表示されるようになった

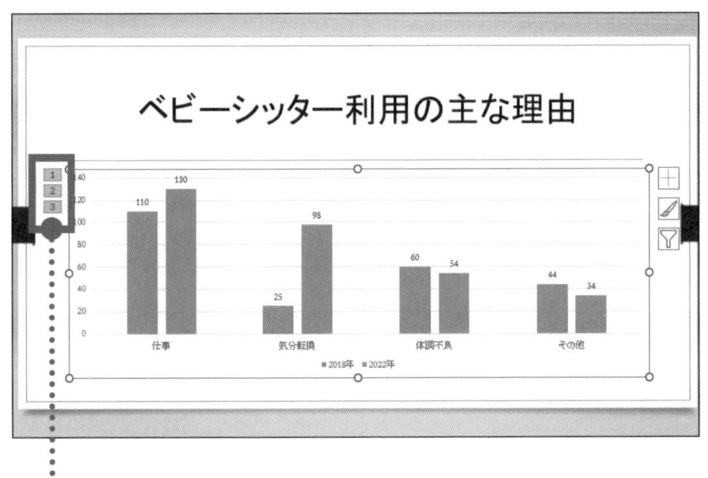

アニメーション「ワイプ」
の表示方法が
変更されました。

アニメーションの再生順序を示す
番号が変わった

ポイント

68ページの方法で上書き保存し、パワーポイントを終了します。

第9章

練習問題

1 写真に動きをつけるときに、左クリックするのはどこですか？

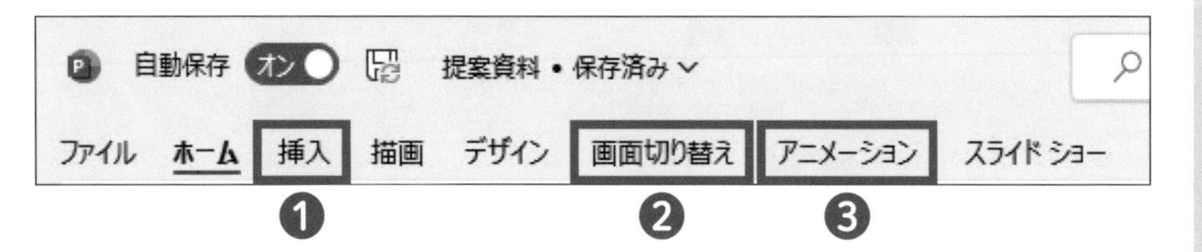

2 画面切り替え効果「ギャラリー」を設定しました。同じ効果をほかのスライドにもコピーするときに使うボタンはどれですか？

❶ 

❷ 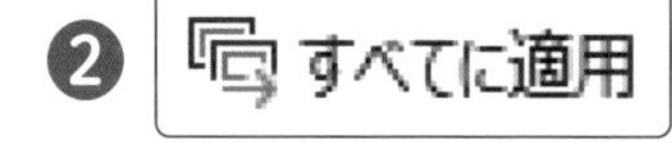

❸ 

3 アニメーション「スライドイン」を設定した箇条書きのプレースホルダーを選択して、 を左クリックするとどうなりますか？

❶「スライドイン」の表示方向を変更できる
❷「スライドイン」のアニメーションを削除できる
❸「スライドイン」の動きを再生できる

第10章

10 プレゼンテーションを実行しよう

この章で学ぶこと

- 発表者用のメモが使えますか?
- 印刷できますか?
- 印刷のレイアウトを変更できますか?
- スライドショーが実行できますか?

01 » この章でやること～発表と準備

プレゼンテーションの本番では、スライドショーを実行します。
この章では、スライドショーの方法と必要な準備について学びましょう。

スライドショーってなに？

会場のスクリーンなどにスライドを順番に映す操作をスライドショーといいます。
スライドショーでは、9章で設定した画面切り替え効果やアニメーションが再生されます。

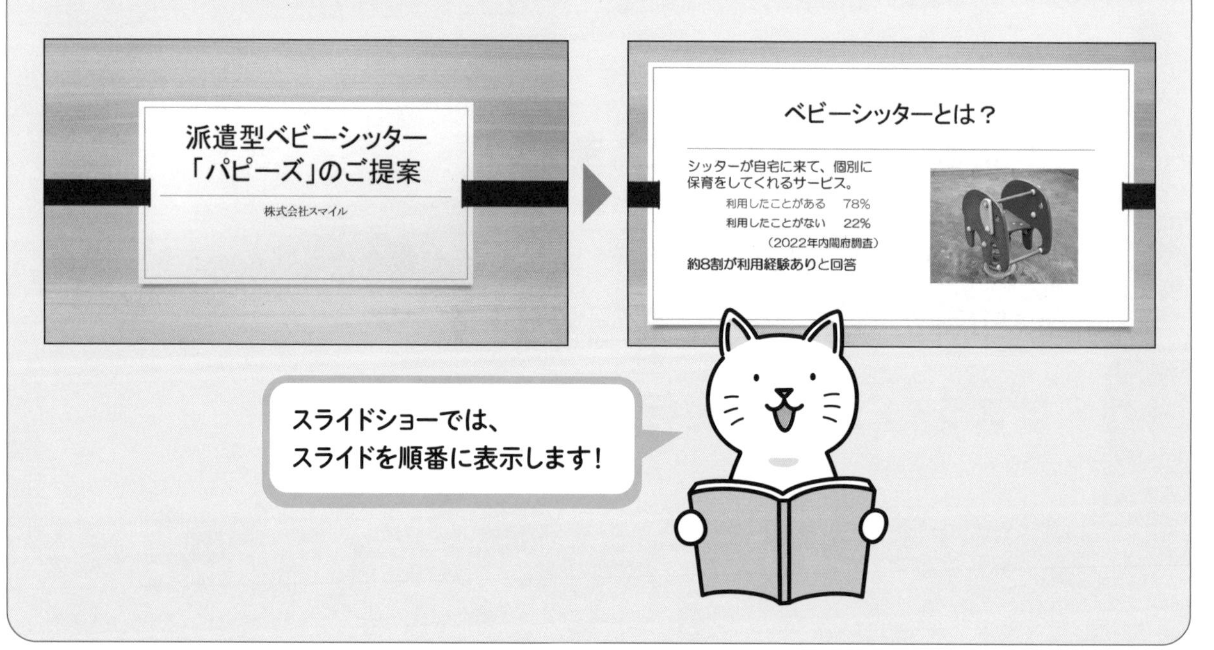

発表の準備1：ノートの作成

ノートは、発表時に確認したい内容などを**メモとして、スライドごとに入力する機能**です。
ノートは、スライドショーには表示されません。
作成したノートを印刷して持参すれば、
ノートを参照しながらスライドショーを実行できます。

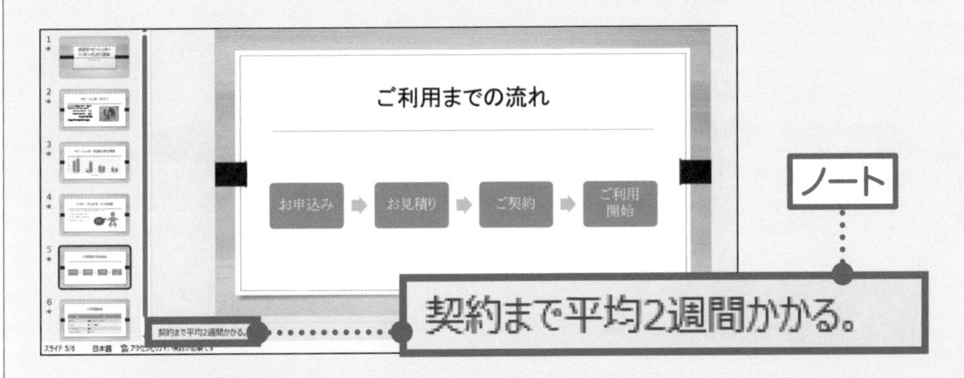

発表の準備2：配布資料の印刷

配布資料とは、**縮小版のスライドをまとめた印刷物**です。
さまざまな**レイアウト**の配布資料を印刷できます。

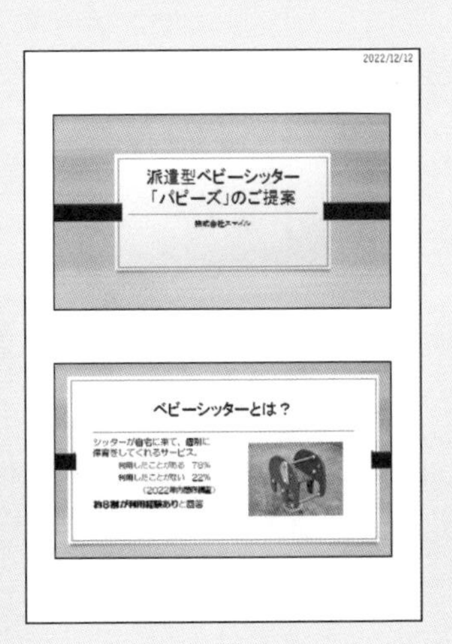

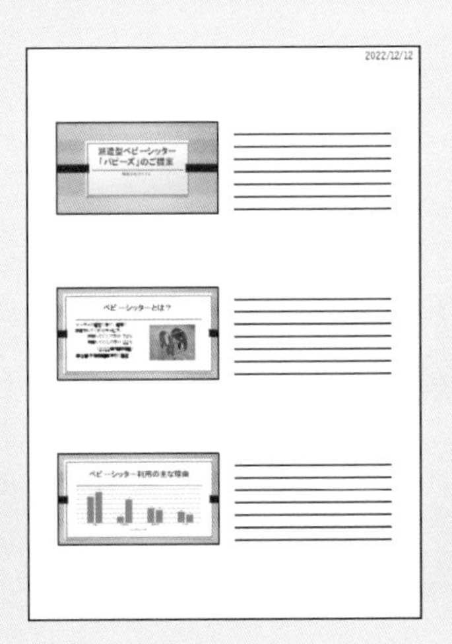

02 » 発表者用のメモを入力しよう～ノート

スライドには「ノート」と呼ばれるメモを自由に入力できます。
ここでは、スライド5にノートを使って文章を入力してみましょう。

1 入力欄を表示します

38ページの方法で「提案資料」を開きます。

スライド5を開き、画面右下にある ノート を 左クリックします。

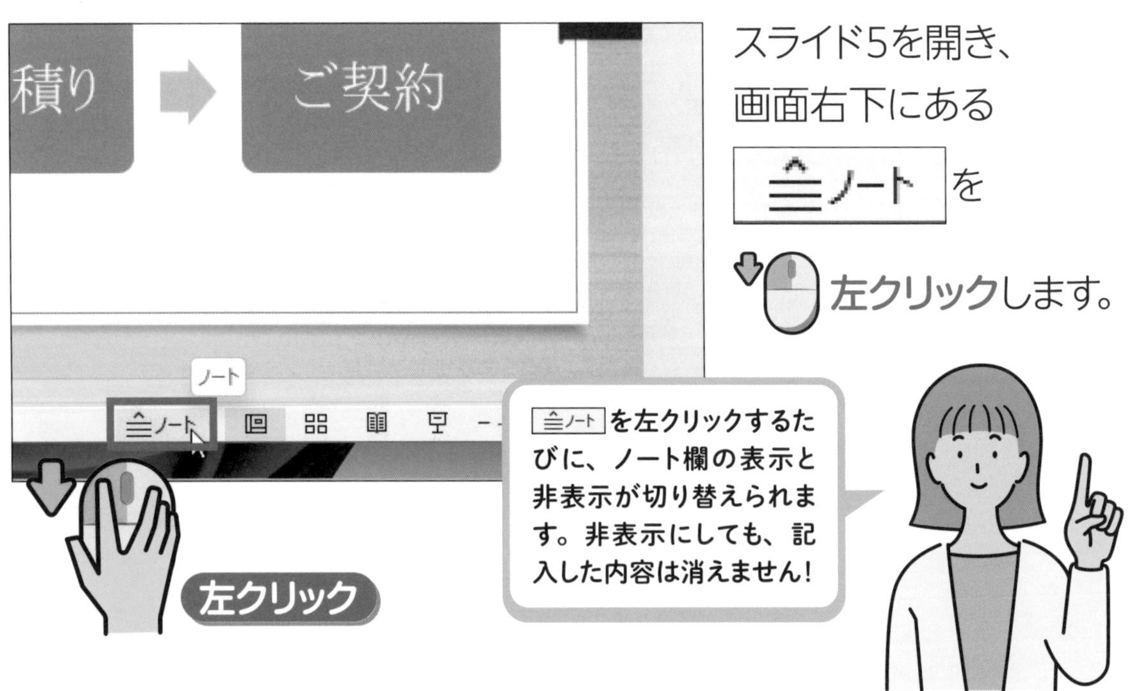

2 入力欄が表示されました

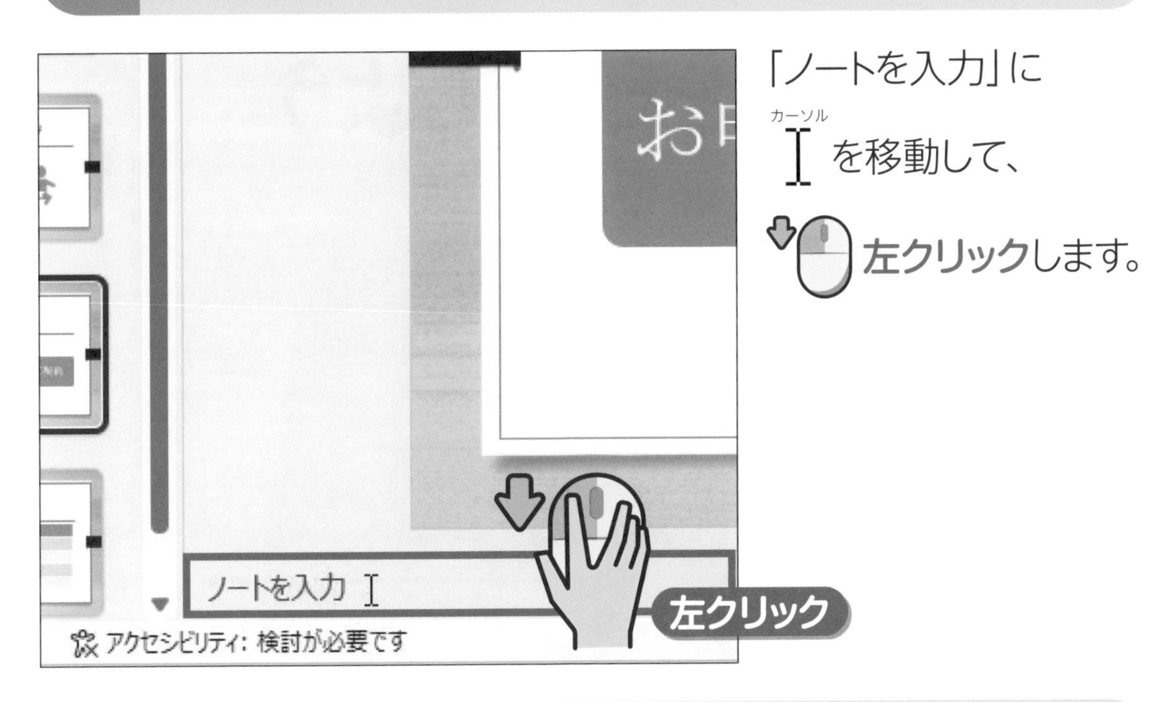

「ノートを入力」に

カーソル を移動して、

左クリックします。

3 メモの内容を入力します

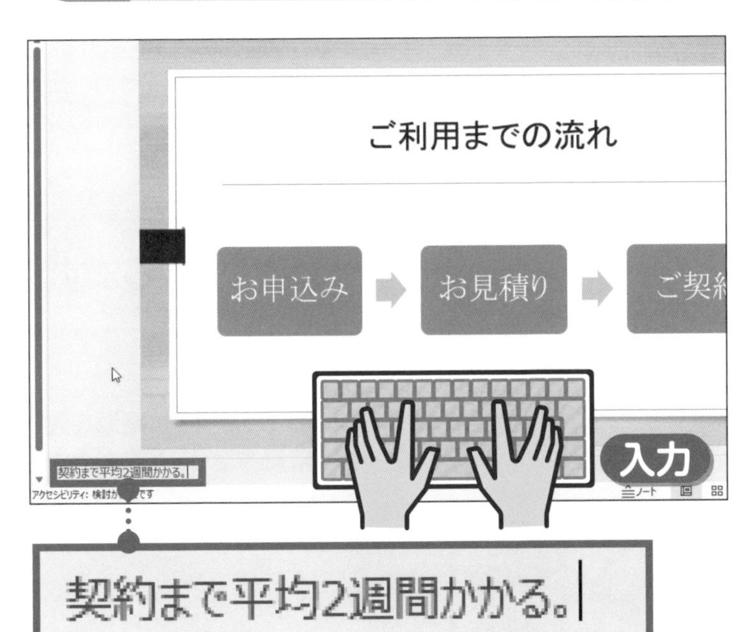

メモの内容を

入力します。

03 » 資料を印刷しよう

作成したプレゼンテーションを配布用の資料として印刷しましょう。さまざまなレイアウトを選べますが、1枚の用紙に2枚のスライドを印刷してみます。

1 資料を印刷する準備をします

56ページの方法で、スライド1を選択しておきます。

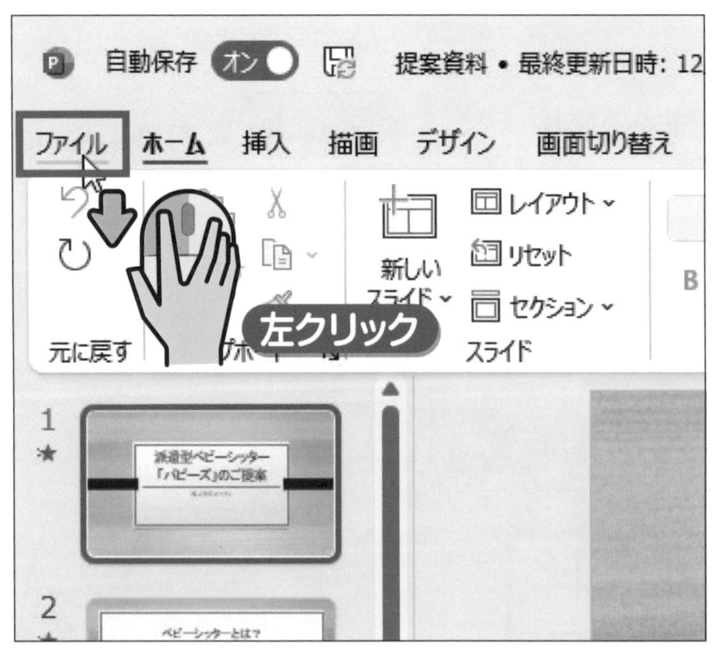

ファイル に

カーソルを移動して、

左クリックします。

ポイント

あらかじめプリンターに電源を入れ、A4用紙をセットしておきましょう。

2 印刷設定を行います

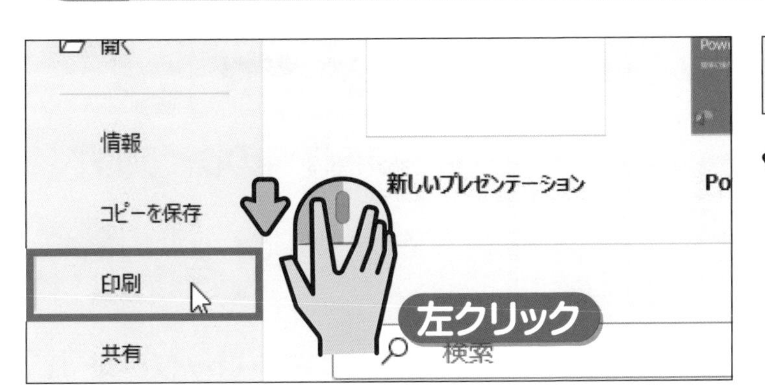

印刷 を

左クリックします。

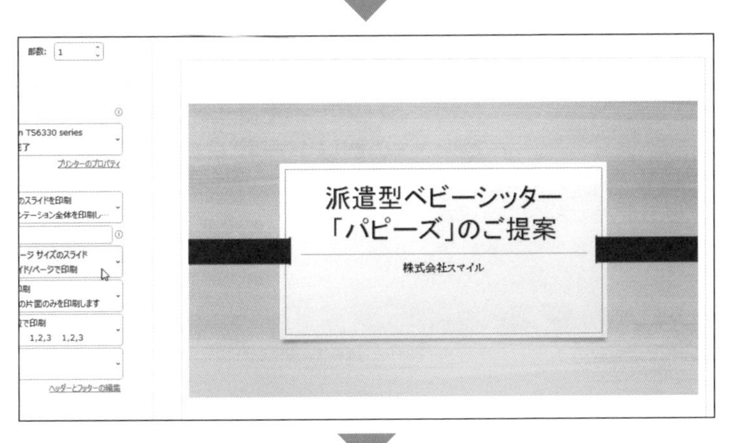

1枚の用紙に
1スライドが
印刷されるイメージが
表示されます。

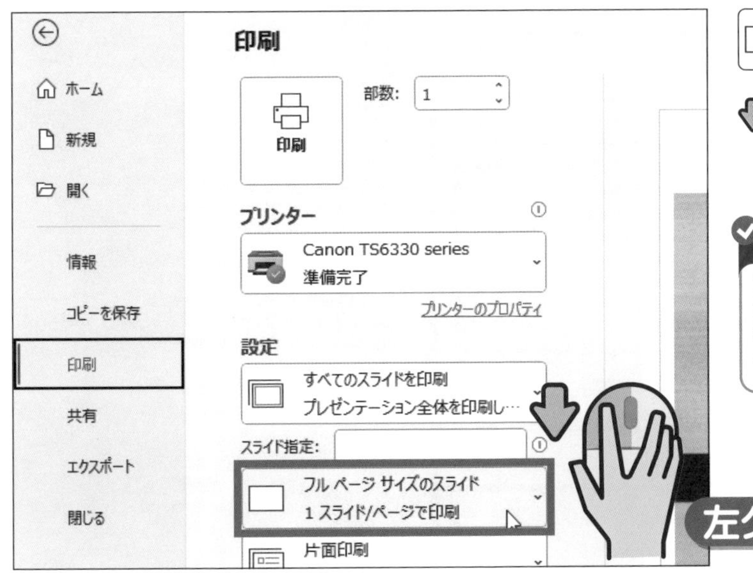

フル ページ サイズのスライド 1 スライド/ページで印刷 を

左クリックします。

ポイント

プリンター にプリンターの名前が表示されていることを確認します。

次へ

3 配布資料のレイアウトを選びます

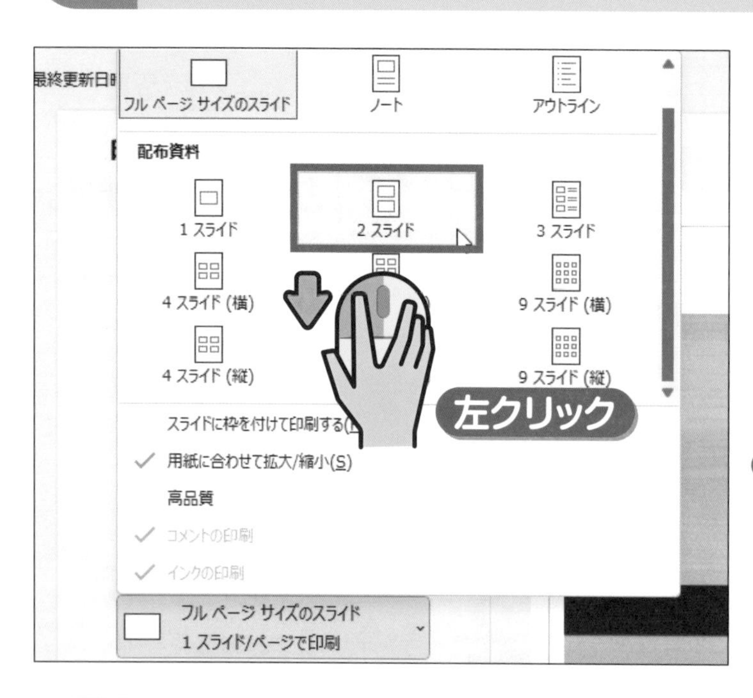

配布資料 から

配布資料のレイアウト

(ここでは 2スライド)を

左クリックします。

ポイント

1枚の用紙に印刷できるスライドの数は1~9枚です。

4 レイアウトが変更されました

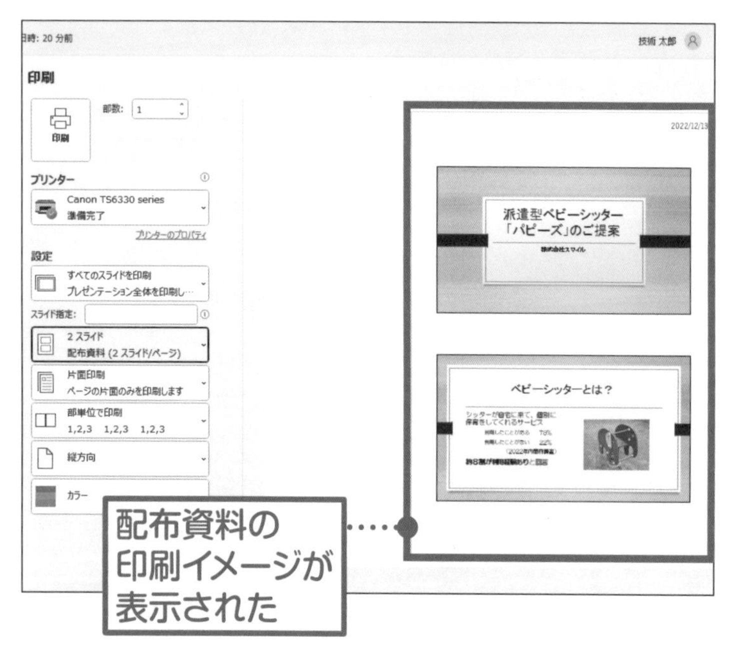

レイアウトが

2 スライド
配布資料 (2 スライド/ページ) に

変更されました。

右側に表示された

印刷イメージを

確認します。

5 印刷を実行します

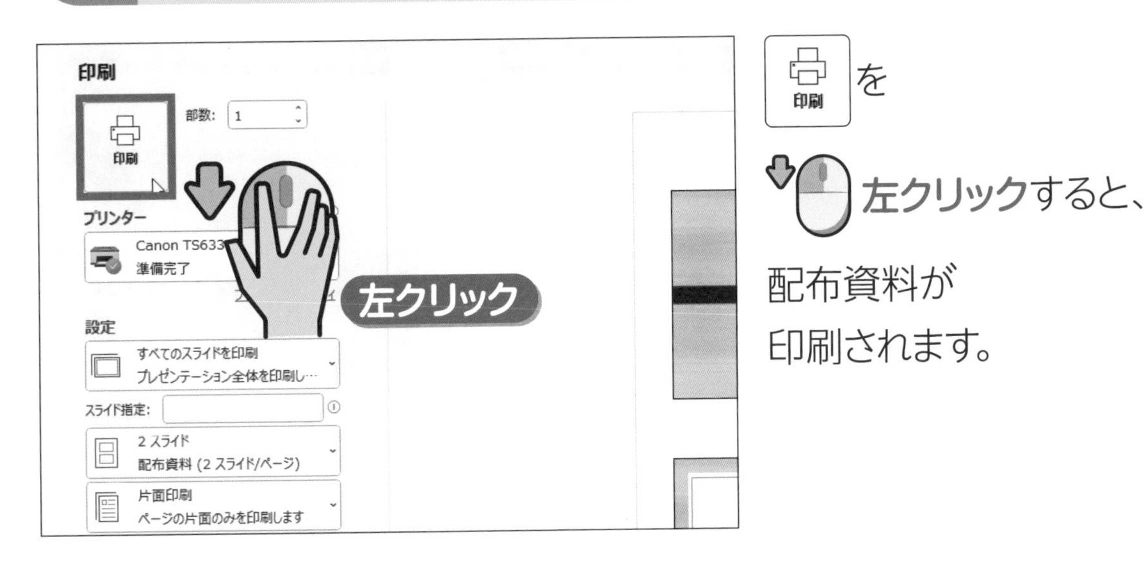

を左クリックすると、

配布資料が

印刷されます。

コラム ノートを印刷するには

200ページの手順❸で

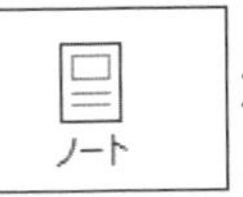

を左クリックすると、

スライドの下にノートの内容を印刷できます。

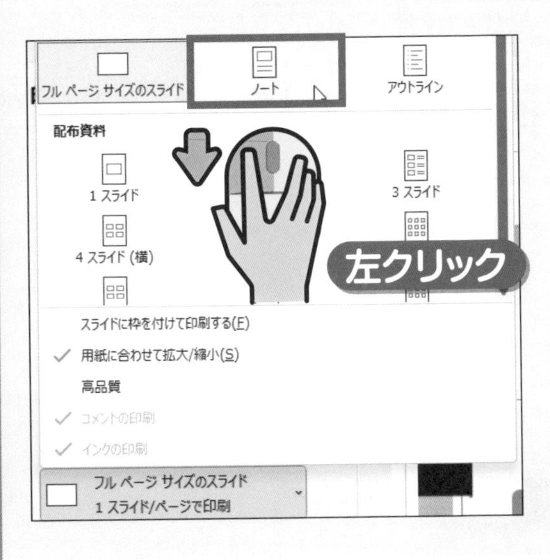

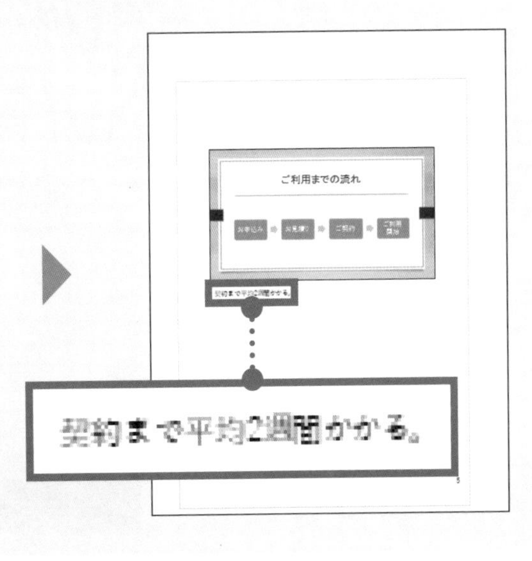

04 » スライドショーを実行しよう

参加者の前でスライドを順番に表示する操作をスライドショーといいます。ここでは、スライドショーの実行方法を覚えましょう。

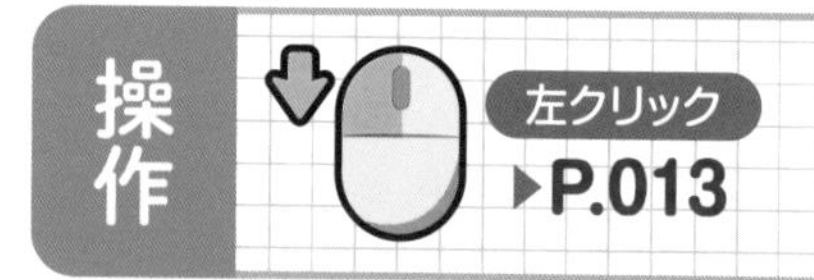

1 スライドショーの準備をします

38ページの方法で、「提案資料」を開いておきます。

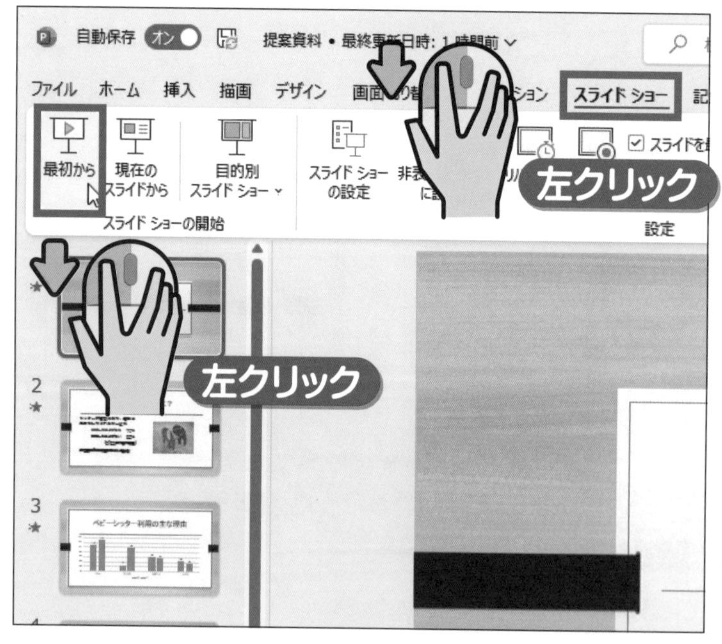

スライド ショー を

左クリックします。

を

左クリックします。

2 スライドショーが始まります

表紙のスライドがパソコン画面全体に表示されます。

ポイント

画面切り替え効果が再生されます。

3 次のスライドを表示します

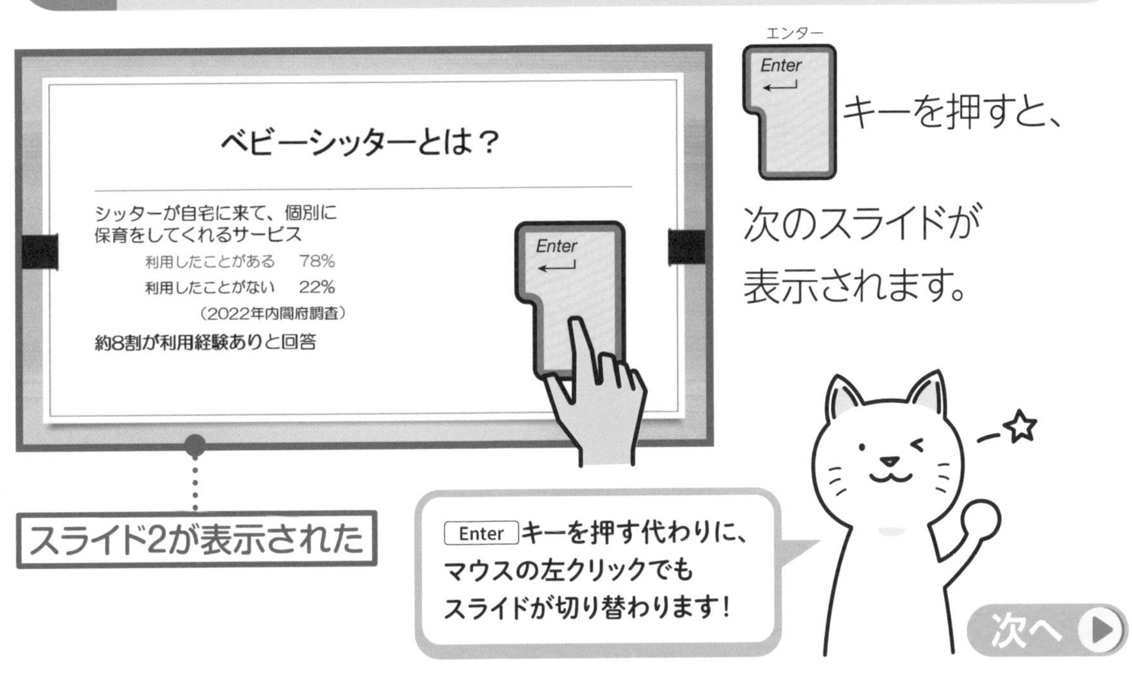

Enter（エンター）キーを押すと、次のスライドが表示されます。

次へ

4 アニメーションが再生されます

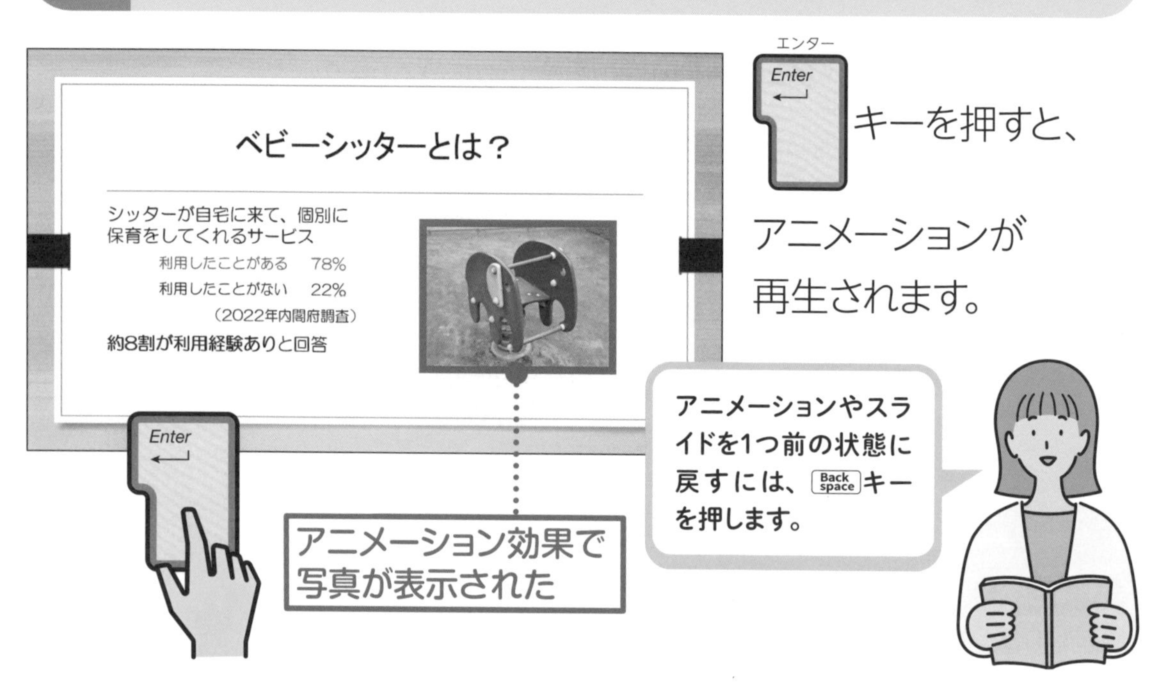

エンター
Enter キーを押すと、
アニメーションが
再生されます。

アニメーションやスライドを1つ前の状態に戻すには、Back space キーを押します。

5 続きのスライドを表示します

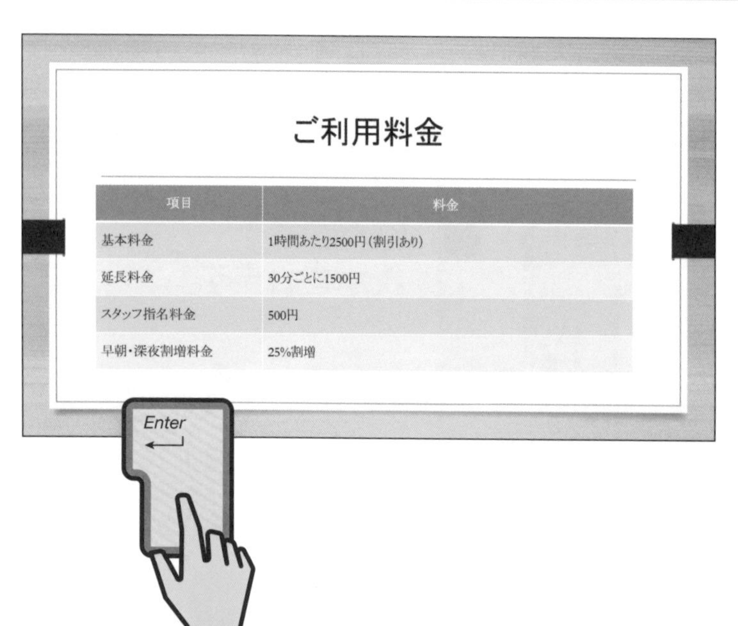

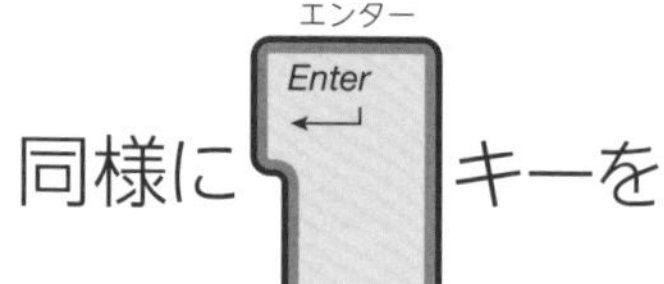

同様に Enter（エンター）キーを
押してゆくと、
スライドが順番に
表示され、
アニメーションが
1つずつ再生されます。

6 黒い画面が表示されます

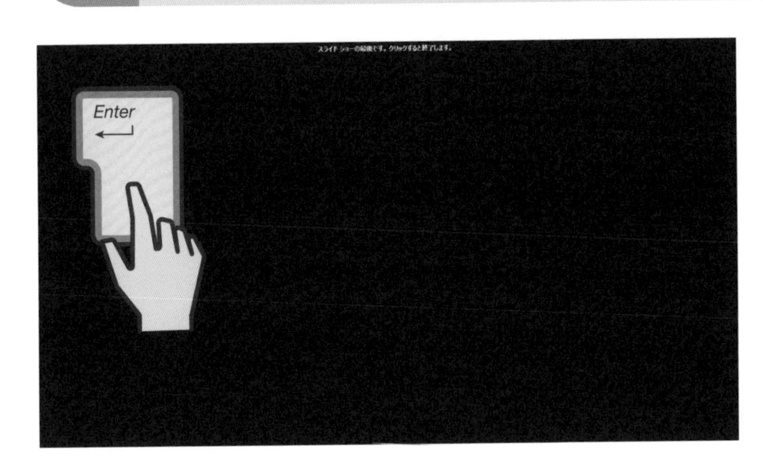

最後のスライドで

エンター

キーを押すと、

黒い画面が
表示されます。

スライドショーを中断するには
Esc キーを押します。

7 スライドショーを終了します

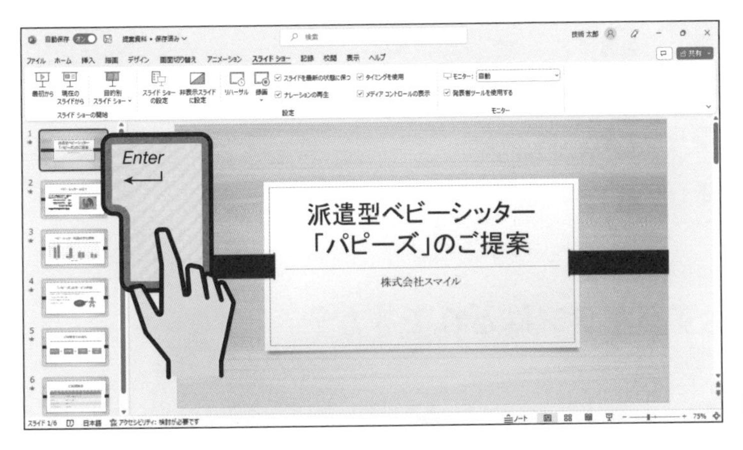

もう一度

エンター

キーを押すと、

スライドショーが
終了します。

ポイント

68ページの方法で上書き保存し、パワーポイントを終了します。

第10章

練習問題

1 図のようにノート欄に文章を入力したあと、≙ノート を左クリックするとどうなりますか？

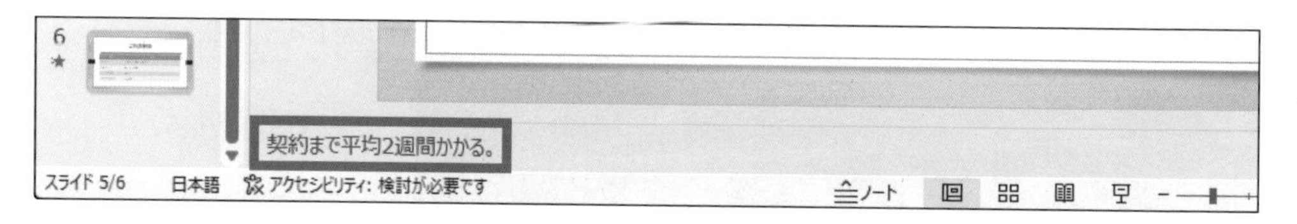

❶ 入力した文章が削除される

❷ 入力した文章が印刷される

❸ ノートの入力欄が表示されなくなる

2 印刷対象を配布資料に変更するときに、左クリックするのはどこですか？

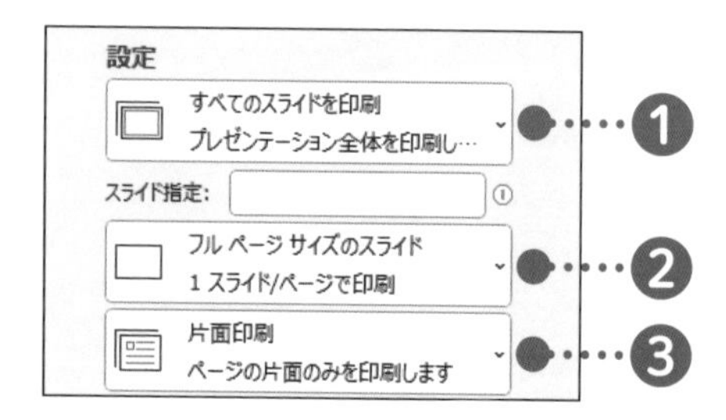

3 スライドショーを開始するボタンはどれですか？

❶ 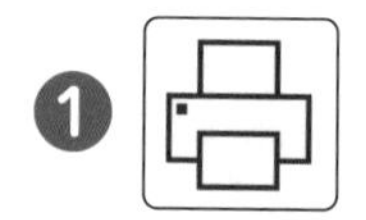

❷ 

❸ 

第11章

11 パワーポイントを便利に活用しよう

この章で学ぶこと

- 誤った操作を取り消すことができますか?
- スライドの順番を入れ替えることができますか?
- 不要になったスライドを削除できますか?
- スライドのレイアウトを変更できますか?

01 » 間違えた操作をキャンセルしたい

操作を間違えたときは、直後であれば「元に戻す」ボタンでキャンセルできます。「元に戻す」の使い方を知っておくと安心です。

操作

▸P.013

1 誤った操作をします

派遣型ベビーシッター
「パピーズ」のご提案
株式会社スマイル

プレースホルダーの任意の文字を削除します。

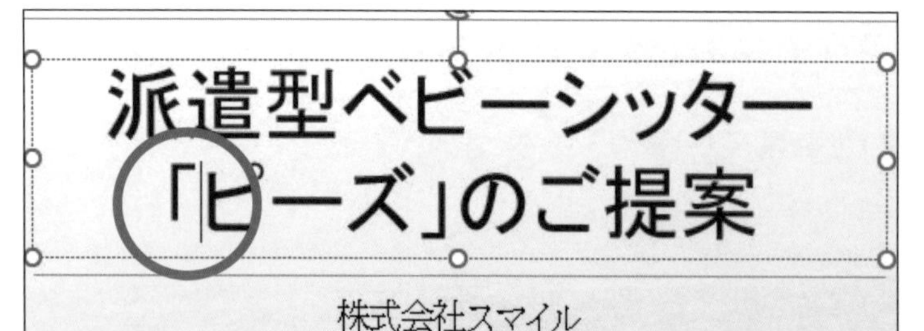

ここでは、「元に戻す」の使い方を確認するために、わざと誤った操作を行っています。

2 「元に戻す」を左クリックします

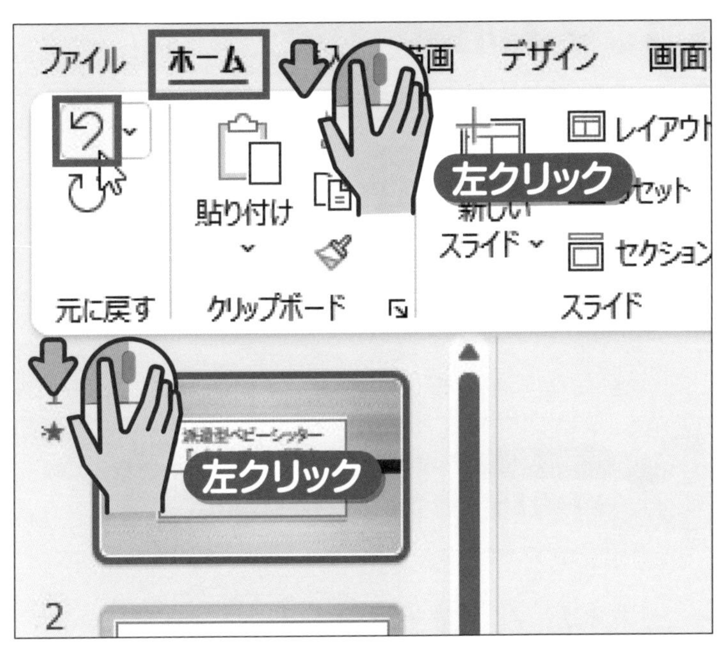

を

左クリックし、

を

左クリックします。

3 削除した文字が戻りました

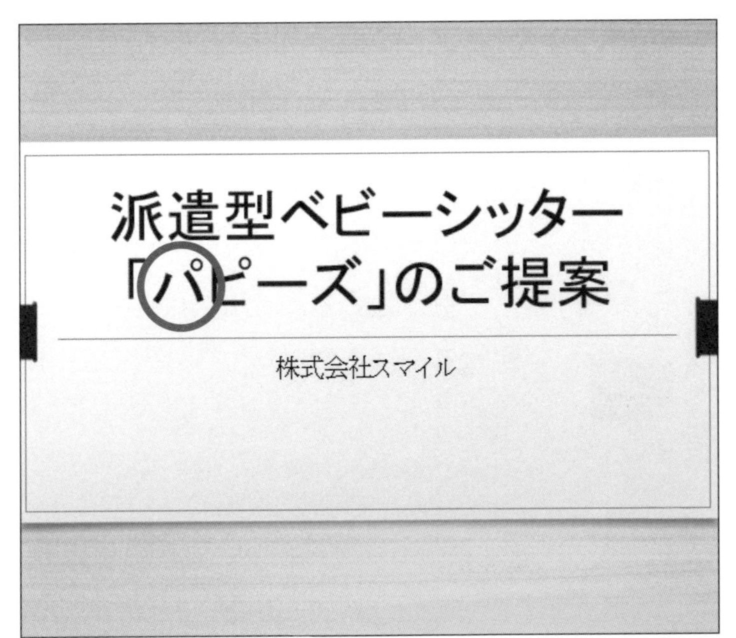

直前の操作が
キャンセルされ、
誤って削除した文字が、
もとの状態に戻ります。

ポイント

の左クリックを繰り返すと、過去の操作をさかのぼってキャンセルすることができます。

02 » スライドの順番を変更したい

スライドの順番は、サムネイルペインで自由に変更できます。
ドラッグ操作でスライドを入れ替える方法を知っておきましょう。

1 移動したいスライドを選びます

スライド2をスライド4のうしろに移動します。

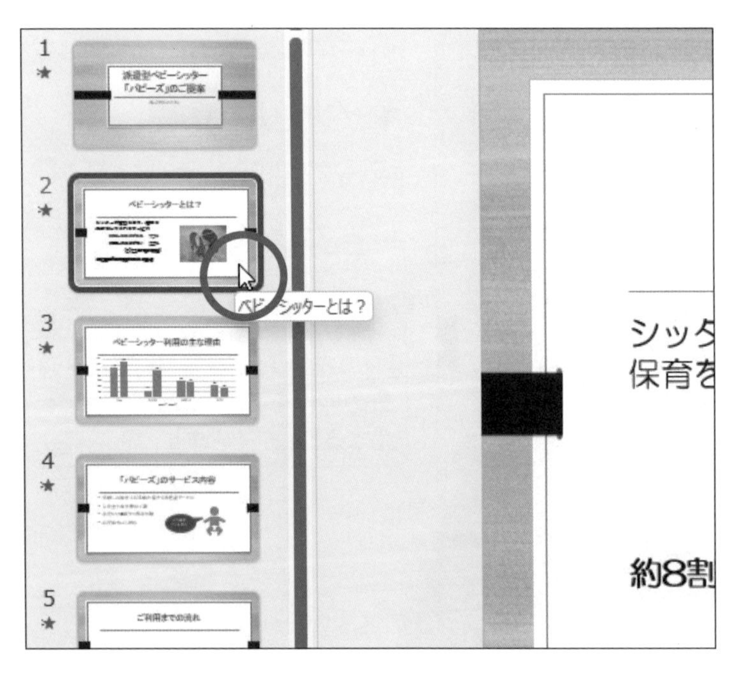

移動したいスライドのサムネイル

（ここでは　）に

カーソル

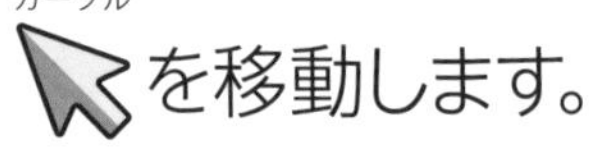

を移動します。

2 移動先までドラッグします

を

スライド4の下まで

ドラッグします。

3 スライドを移動できました

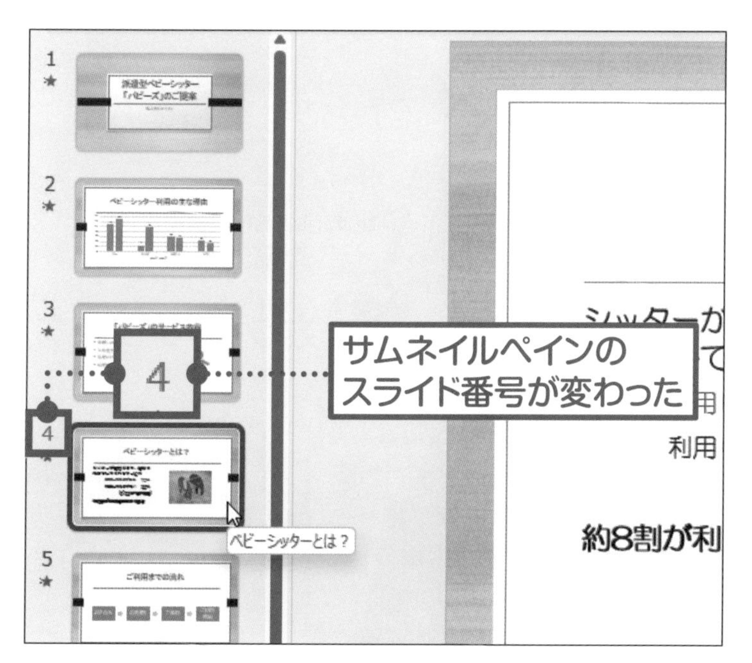

スライドの順番が

変更されて、

が

スライド4になりました。

03 » いらないスライドを削除したい

不要になったスライドは、サムネイルペインで削除できます。
スライドを削除する方法を知っておきましょう。

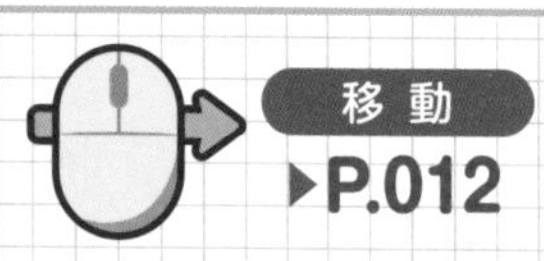

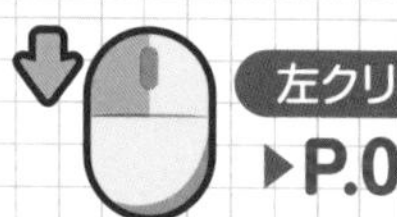

1 削除したいスライドを選びます

2 スライドを削除します

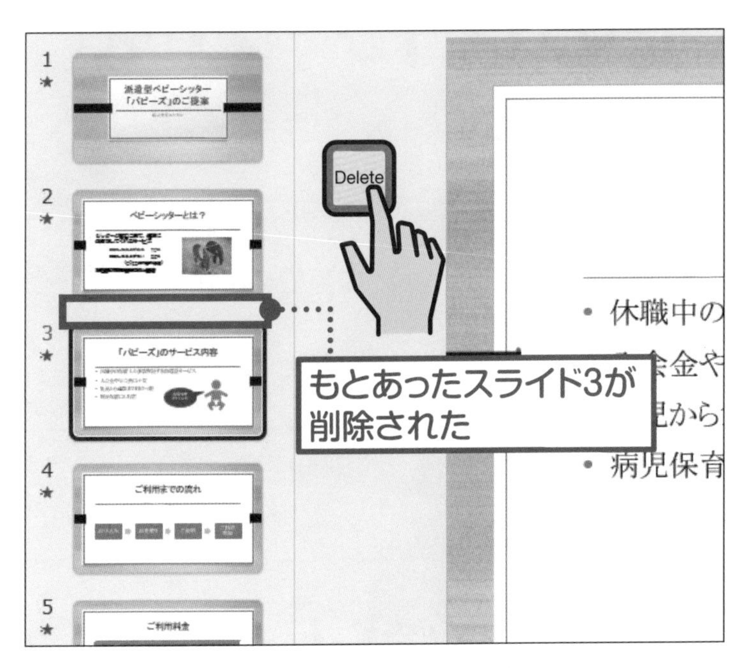

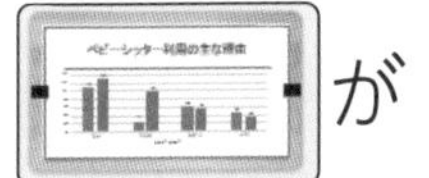

デリート
Delete キーを

押します。

が

削除されました。

コラム

サムネイルのサイズを変更するには

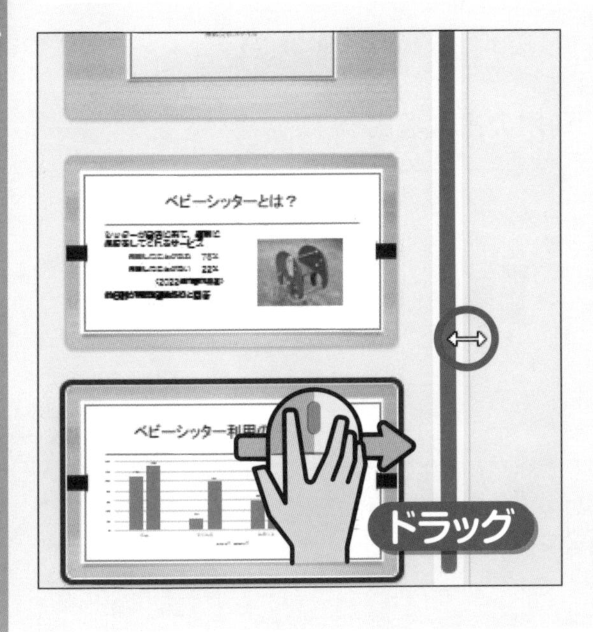

サムネイルペインの

右の境界に

カーソル
を移動して、

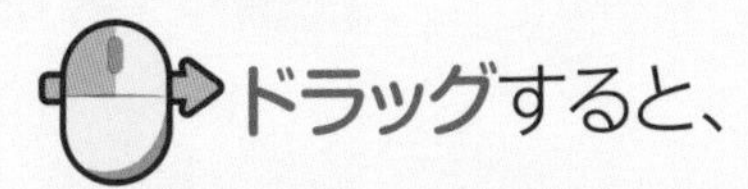

に変わってから左右に

ドラッグすると、

サムネイルのサイズを

変更できます。

04 » スライドのレイアウトを変更したい

スライドを追加するときに選んだレイアウトは、あとから変更できます。別のレイアウトに変更する方法を知っておくと便利です。

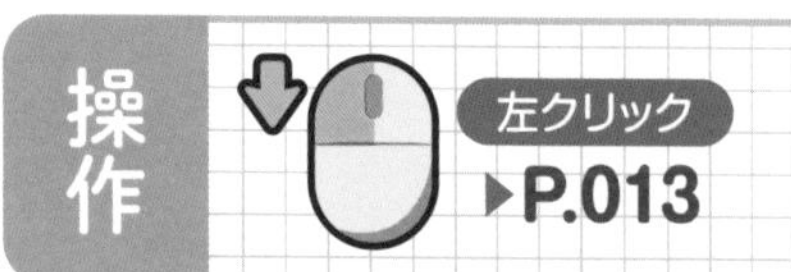

1 レイアウトを変更する準備をします

56ページの方法で、スライド3を選択しておきます。

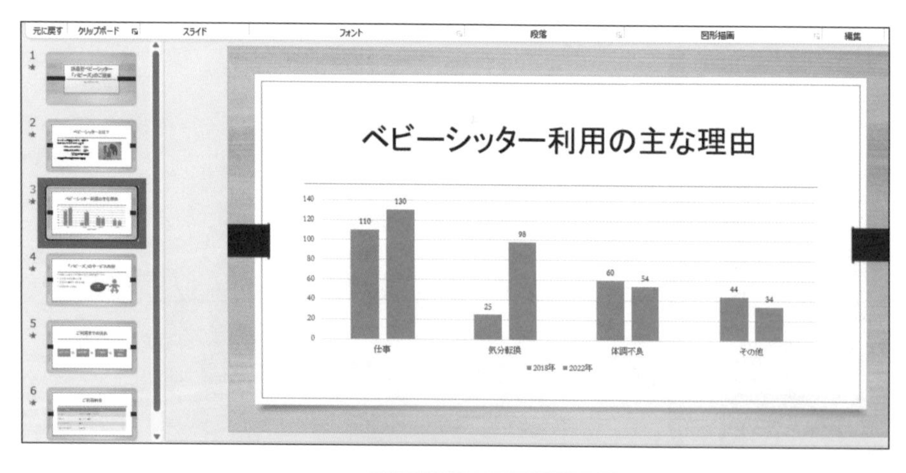

現在のレイアウトが「タイトルとコンテンツ」です。これを「2つのコンテンツ」に変更してみましょう！

2 レイアウトを変更します

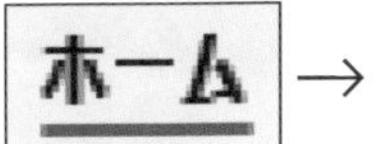 → 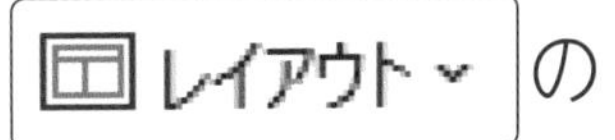 の順番に 左クリックします。

変更したいレイアウト（ここでは  ）を  左クリックします。

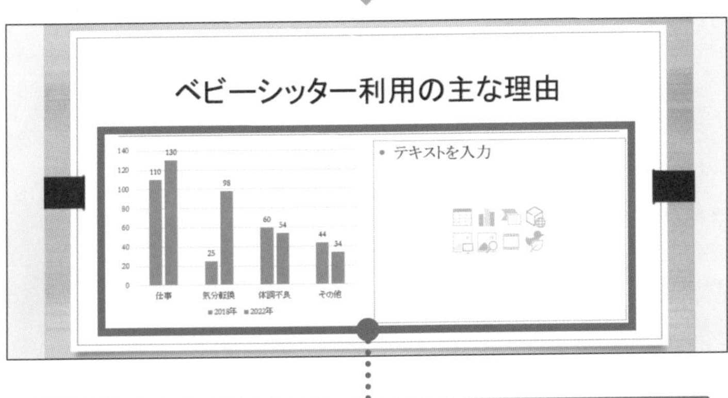

レイアウトが「2つのコンテンツ」に変わった

レイアウトが変更されました。

ポイント

レイアウトを変更しても、プレースホルダーに入力した内容はそのまま残ります。

練習問題解答

第1章　練習問題解答

1 正解 … ❶

パワーポイントを起動するには、まず❶の（スタートボタン）を左クリックします。次に、すべてのアプリ ＞ を左クリックし、表示されたアプリの一覧で PowerPoint を左クリックします。

2 正解 … ❷

パワーポイントでは、提案などの内容を書いた紙のことを❷の「スライド」と呼びます。プレゼンテーションを作るには、このスライドを1枚ずつ作成します。

3 正解 … ❷

パワーポイントを終了するには、画面右上にある❷の（閉じるボタン）を左クリックします。このとき、保存していない内容がある場合、保存するかどうかを尋ねるメッセージが表示されます。

4 正解 … ❷

パワーポイントでは、ファイルのことを❷の「プレゼンテーション」と呼びます。プレゼンテーションには、作成したスライドが保存されます。

第2章　練習問題解答

1 正解 … ❷

スライドでは、タイトルや箇条書きなどの文字を❷の「プレースホルダー」に入力します。プレースホルダーは、あらかじめスライドに表示された枠のことです。

2 正解 … ❸

文字を別の場所にコピーするには、対象となる文字を選択してから、❸の（コピーボタン）を左クリックします。次に、コピー先を左クリックして、文字カーソルを移動してから、（貼り付けボタン）を左クリックします。

3 正解…❷

上書き保存を行うと、❷にあるように、プレゼンテーションの中身が最新の編集内容で書き換えられます。このとき、もとの内容は破棄されます。

第3章　練習問題解答

1 正解…❷

文字書式に分類されるのは、1文字単位で設定できる修飾の機能です。これには❷の「太字」が該当します。そのほかに、「斜体」、「フォント」、「フォントサイズ」、「フォントの色」なども文字書式です。

2 正解…❷

文字のサイズを変更するときは、❷の 24 （フォントサイズボタン）の右端の⌄を左クリックし、表示された数字の一覧から設定したい文字のサイズを選び、左クリックします。

3 正解…❶

インデントとは、❶にあるようにプレースホルダーに入力した文章の、先頭位置を右に移動する機能です。設定すると、文章の左側には空間ができるので、段落が見やすくなります。

第4章　練習問題解答

1 正解…❷

表を作成するには、プレースホルダーに表示されたボタンの中から❷の▦（表の挿入ボタン）を左クリックします。続けて表示される画面で、作成したい表の列数と行数を指定すれば、表がスライドに挿入されます。

2 正解…❶

ここでは、列の数が2、行の数が5となる表を作成したいので、❶の画面のように、列数に「2」、行数に「5」と指定します。

3 正解…❶

表に行や列を追加するには、文字カーソルの置かれている位置を基準にボタンを選びます。この画面では、「休日利用」の列内のセルに文字カーソルが置かれています。この状態で「利用料金」と「休日利用」の間に列を挿入するには、❶の「左に列を挿入」ボタンを左クリックします。

第5章　練習問題解答

1 正解…❷

パワーポイントでグラフを作成するには、❷にあるように、プレースホルダーの▥（グラフの挿入ボタン）を左クリックします。続けて表示される画面でグラフの種類を選ぶと、サンプルとなるグラフがスライドに挿入されます。

2 正解 … ❷

グラフの元データを入力する画面のことは、❷の「データシート」と呼びます。データシートに表示されている文字や数字を編集すると、サンプルのグラフにその内容が反映され、目的のグラフを作成することができます。

3 正解 … ❸

作成したグラフを選択して、「グラフのデザイン」タブで❸の（グラフ要素を追加ボタン）を左クリックすると、現在のグラフに表示されていない要素をあとから追加できます。

第6章　練習問題解答

1 正解 … ❶

スライドに写真を挿入するには、プレースホルダーに表示されているボタンの中から❶の（図ボタン）を左クリックします。続けて表示される画面で、挿入したい写真のファイルを選択します。

2 正解 … ❷

❷の「ピクチャ」フォルダーは、パソコン内で写真のファイルを管理するためにあらかじめ用意されたフォルダーです。デジカメなどで撮影した写真のファイルは、「ピクチャ」フォルダーに保存しておくと探しやすくなります。

3 正解 … ❸

❸のように、枠の中に完全に収まるようにカーソルを置いた状態でドラッグすると、アイコンや写真をスライド上で移動できます。

第7章　練習問題解答

1 正解 … ❶

❶の 図形の塗りつぶし（図形の塗りつぶしボタン）を左クリックすると、図形の中の色を変更できます。なお、❷は図形に影やぼかしなどの効果をつけるボタン、❸は図形の枠線の色を変更するボタンです。

2 正解 … ❷

スライドに図形を挿入するには、「挿入」タブで❷の（図形ボタン）を左クリックし、図形の種類を選択してから、スライド上でドラッグします。

3 正解 … ❷

図形に入力された文字の上で左クリックすると、文字カーソルが表示されるので、❷にあるように、入力した文字をあとから修正することができます。

第8章　練習問題解答

1 正解 … ❷

スライドにSmartArtを作成するには、プレースホルダーにあるボタンの中から、❷の（SmartArtグラフィックの挿入ボタン）を左クリックします。続けて開く画面でSmartArtの種類を選択します。

2 正解 … ❸

SmartArtの図形「B」を選択した状態で「前に図形を追加」ボタンを左クリックすると、❸のように、「B」の左側に新しい図形が挿入されます。

3 正解 … ❷

SmartArtを作成するときは、プレースホルダーの「SmartArtグラフィックの挿入」ボタンを左クリックし、表示された画面で種類を選んで左クリックします。このとき、「OK」ボタンを左クリックして画面を閉じると同時に、SmartArtがプレースホルダーに表示されます。ドラッグ操作は不要です。

第9章　練習問題解答

1 正解 … ❸

写真に個別に動きをつけるには、アニメーションを設定します。アニメーションの設定は、対象となる写真を選択してから、❸の「アニメーション」タブを左クリックし、アニメーションの種類を選択します。

2 正解 … ❷

スライドに設定した画面切り替え効果「ギャラリー」をほかのスライドにもコピーするには、❷の すべてに適用（すべてに適用ボタン）を左クリックします。

3 正解 … ❶

「効果のオプション」ボタンは、設定したアニメーションが表示される方向やタイミングなど、部分的な内容を変更するときに利用します。「スライドイン」を設定した場合は、❶の表示方向を変更できます。

第10章　練習問題解答

1 正解 … ❸

画面右下の「ノート」ボタンは、ノートの入力欄の表示のオン・オフを切り替えるボタンです。ノートが表示されているときに左クリックすると、❸にあるようにノートの欄が表示されなくなります。

2 正解 … ❷

印刷の対象を配布資料に変更するには、印刷の設定画面で、❷の「フルページサイズのスライド」を左クリックして、一覧から配布資料のレイアウトを選びます。

3 正解 … ❷

スライドショーを開始するには、「スライドショー」タブで❷の（先頭から開始ボタン）を左クリックします。これで表紙から順にスライドショーが始まります。

サンプルファイルのダウンロードについて

本書では、解説に使用したワードのサンプルファイルを提供しています。
サンプルファイルは章ごとのフォルダーに分けられ、各節の操作を開始する前の状態で保存されています。
節によっては、サンプルファイルがない場合もあります。
サンプルファイルは、下記の方法でダウンロード・展開して使用してください。

1 ブラウザー（Edgeなど）を起動して下記のアドレスを入力し、ダウンロードページを開きます。

https://gihyo.jp/book/2023/978-4-297-13485-3/support/

2 ［ダウンロード］の［サンプルファイル］を左クリックします。

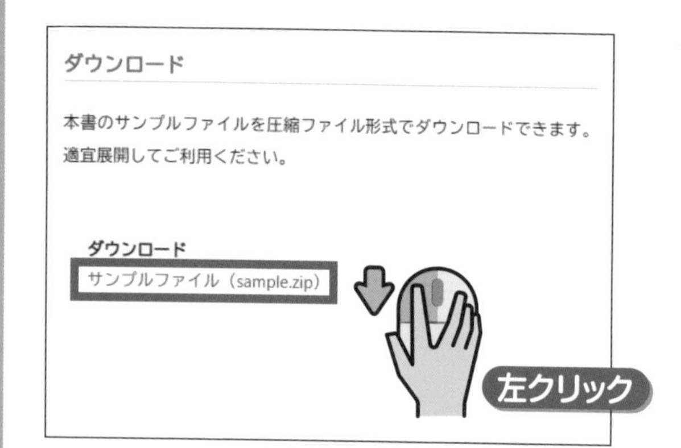

3 画面右上に表示される、［ファイルを開く］または［開く］を左クリックします。

4 表示されたフォルダーを左クリックして、[すべて展開]を左クリックします。[すべて展開]がない場合、…を左クリックします。

5 [参照]を左クリックします。

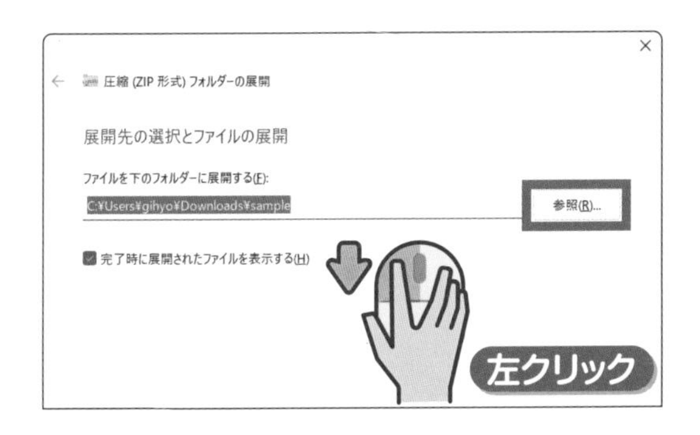

6 [デスクトップ]を左クリックし、[フォルダーの選択]を左クリックします。

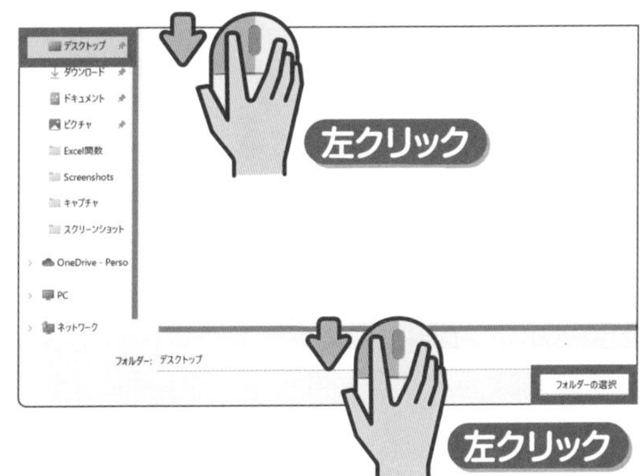

7 [展開]を左クリックすると、デスクトップにサンプルファイルが展開されます。

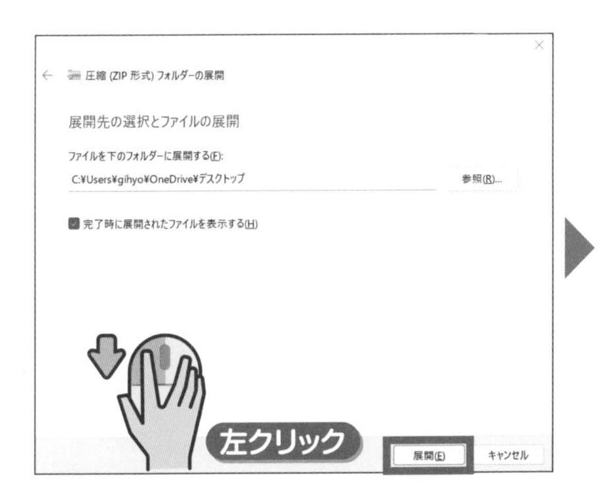

索引

数字・アルファベット

あ行

か行

さ行

た行

な・は行

ま行

ら・わ行

著者
木村 幸子（きむら さちこ）

カバー・本文イラスト
北川 ともあき

本文デザイン
株式会社 リンクアップ

カバーデザイン
田邉 恵里香

DTP
SeaGrape

編集
土井 清志

サポートホームページ
https://book.gihyo.jp/116

今すぐ使えるかんたん　ぜったいデキます！
パワーポイント超入門
[Office 2021／Microsoft 365両対応]

2023年 5 月 13 日　初版　第 1 刷発行

著　者　木村　幸子
発行者　片岡　巌
発行所　株式会社技術評論社
　　　　東京都新宿区市谷左内町21-13
　　　　電話　03-3513-6150　販売促進部
　　　　　　　03-3513-6160　書籍編集部
印刷／製本　　大日本印刷株式会社

定価はカバーに表示してあります。

ISBN978-4-297-13485-3　C3055
Printed in Japan

問い合わせについて

本書に関するご質問については、本書に記載されている内容に関するもののみとさせていただきます。本書の内容と関係のないご質問につきましては、一切お答えできませんので、あらかじめご了承ください。また、電話でのご質問は受けつけておりませんので、必ずFAXか書面にて下記までお送りください。
なお、ご質問の際には、必ず以下の項目を明記していただきますよう、お願いいたします。

❶ お名前
❷ 返信先の住所またはFAX番号
❸ 書名
❹ 本書の該当ページ
❺ ご使用のOSのバージョン
❻ ご質問内容

● お問い合わせの例

FAX

❶ お名前
技術太郎
❷ 返信先の住所またはFAX番号
03-XXXX-XXXX
❸ 書名
今すぐ使えるかんたん
ぜったいデキます！
パワーポイント超入門
[Office 2021／Microsoft 365 両対応]
❹ 本書の該当ページ
197ページ
❺ ご使用のOSのバージョン
Windows 11
❻ ご質問内容
ノートの入力欄が表示されない。

問い合わせ先

〒162-0846 新宿区市谷左内町21-13
株式会社技術評論社 書籍編集部
「今すぐ使えるかんたん　ぜったいデキます！パワーポイント超入門[Office 2021／Microsoft 365 両対応]」質問係
FAX.03-3513-6167

なお、ご質問の際に記載いただいた個人情報は、ご質問の返答以外の目的には使用いたしません。また、ご質問の返答後は速やかに破棄させていただきます。